智慧全集

放得下 拿得起

领

Ling
wu

悟

王阔 编著

读懂人性 打开认知 读透规则

民主与建设出版社

ⓒ民主与建设出版社，2022

图书在版编目（CIP）数据

拿得起放得下智慧全集 / 王阔编著 . -- 北京：
民主与建设出版社，2010.11（2022.1 重印）
ISBN 978-7-5139-0039-3

Ⅰ.①拿… Ⅱ.①王… Ⅲ.①人生哲学—通俗读物
Ⅳ.① B821-49

中国版本图书馆 CIP 数据核字（2010）第 196445 号

拿得起放得下智慧全集
NADEQI FANGDEXIA ZHIHUI QUANJI

编　　著：王　阔	
责任编辑：刘树民	
封面设计：飞鸟互娱	
出版发行：民主与建设出版社有限责任公司	
电　　话：（010）59417747　59419778	
社　　址：北京市海淀区西三环中路 10 号望海楼 E 座 7 层	
邮　　编：100142	
印　　刷：三河市刚利印务有限公司	
成品尺寸：165mm×230mm	
印　　张：13	
字　　数：120 千字	
版　　次：2011 年 1 月第 1 版	
印　　次：2022 年 1 月第 2 次印刷	
书　　号：ISBN 978-7-5139-0039-3	
定　　价：42.00 元	

注：如有印、装质量问题，请与出版社联系。

你是否曾因失去一份高薪工作而耿耿于怀？又是否在恋人离去后，仍常常想要拨通电话与其联络？在投资中，即使股价已开始下跌，你却仍难以割舍那笔曾经的高额收益？公司推出的新项目正好是你的专长，可你却因责任重大而踌躇不前？甚至在面对相恋多年恋人求婚时，你仍因家庭压力犹豫不决？

这些情形，都是"拿得起，放不下"的典型表现。我们太容易被情绪羁绊，被得失困扰。现实生活压力本就不小，我们却还要额外背负过去的牵绊，结果往往是：活得累、情绪低落，甚至渐渐迷失了自我。那么，怎样才能做到"拿得起，放得下"呢？

"拿得起"，是一种勇气；"放得下"，则是一种智慧。许多人以为一旦拥有就代表成功，却忽视了放下同样需要极大的心力。在纷繁复杂的现实中，要做到不为得失所困，实属不易。然而，正是这种能力，决定了我们能否活得轻松自在。

这就像股票投资，有胆识买入，也要有果断卖出的决心。"拿得起"的当下或许热血澎湃，但"放得下"的那刻才更显深沉从容。真正的智慧，是能在合适的时间做出正确的取舍，而不是一味执着、不肯放手。

人生路上，总有意外与落差。我们得到一些，也会失去一些；有些想要的未必到手，有些不愿意的却偏偏降临。在这些纷繁中，我们需要一颗平常心，以"得之我幸，失之我命"的态度面对人生。得，不必欣喜若狂；失，也无需怨天尤人。心境若能平和，才能真正体验生活的美好。

　　美国历史上有名的一幕便诠释了"放得下"的风范。作为美国首任总统的华盛顿，在连任一届后，毅然选择不再参选。他优雅告别权力中心，举杯向民众告别，又从容地参加继任总统的就职典礼。随后，他挥帽告别，回归家乡维农山庄。正是这份放得下的气度，让他成为历史上令人尊敬的伟人。德国诗人歌德曾说："一个人不能永远做英雄，但可以永远做一个真正的人。"拿得起，是担当；放得下，是境界。

　　《拿得起放得下智慧全集》正是基于这一哲学，从多个角度深入剖析"进与退""舍与得"之间的微妙关系。书中通过大量真实案例，揭示了在生活、职场、情感等多个场景中，如何做到拿得起时全力以赴，放得下时无怨无悔。

　　这本书不仅教我们如何在竞争激烈的社会中保有一份清醒与从容，更强调了：真正成熟的人生，不是永远紧抓不放，而是在适当时机学会松手。唯有如此，我们才能在人生路上轻装前行，不为过去所困，不因未来而惧，心无挂碍，自在洒脱。

目 录 CONTENTS

第一章

拿得起是慷慨，放下自私

——付出会让人感到幸福

古人说，"投我以木瓜，报之以琼瑶""赠人玫瑰，手有余香"。慷慨赠予与付出，是人性中一种温暖的力量，是人与人之间建立信任与情谊的重要桥梁。

懂得付出，才有收获

中国自古被称为"礼仪之邦"，这一称号并非空洞的文化标签，而是植根于中华民族几千年来对"礼"的深刻理解与实践之中。礼，不仅是表面形式上的恭敬和节制，更是一种心灵的沟通，是人与人之间的善意与信任的传递。《诗经》云："投我以木瓜，报之以琼瑶。"这句古语早已道出中国人交往的哲学——你赠我果实，我还你美玉。这不仅是物的交换，更是情的流动与心的回应。

在中国传统文化中，礼不仅仅是社交规范，它更承载着"以礼服人"的智慧。它讲究"先礼后利"，意味着只有在关系建立和信任巩固之后，合作与利益才水到渠成。因此，在社会交往中，先行一步，主动示好的人，往往能够率先赢得他人的好感与信任。也正因为如此，中国人历来崇尚好客、重视情谊。在陌生关系的初始阶段，往往靠一份礼、一句问候、一番真诚的表达来打破隔阂，建立彼此的联结。

古语说："不学礼，无以立。"在快节奏、高竞争的当代社会中，这句话仍具有现实指导意义。一个不懂得"付出"与"尊重"的人，即便才华横溢，也难以在复杂的人际交往中走得长远。而一个懂得用礼待人、先伸出友善之手的人，更容易赢得信赖、化解矛盾，甚至打开事业的突破口。

美国一则真实案例就生动诠释了这一点。一位中年女士走进一家汽车展厅，原本只是想随意看看白色福特车，并告诉销售员艾普拉，这天是她的六十岁生日，希望为自己挑选一辆特别的礼物。她提到，之前去过另一家展厅，因衣着朴素、驾驶旧车而被销售员冷落。来到艾普拉的展厅后，他不仅耐心地接待她，还当场送上了生日祝福。不久，他的助手还向她递来一束白玫瑰作为生日礼物。

这一温暖的举动瞬间打动了这位女士，她感动得热泪盈眶，坦言多年无人为她庆生，这束花令她倍感珍贵。最后，她并未购买原本心仪的福特车，而是选择了艾普拉推荐的一款白色雪佛莱。诚然，这场交易的达成，并非取决于汽车的性能或价格，而是基于销售员给予的那一份尊重与真心。

艾普拉的行为看似简单，但却蕴含了深刻的社交智慧。正是那束花，那份体贴，传递了情感，也奠定了信任基础。这正是"付出"的魅力所在：它不仅改变了客户的情绪体验，更潜移默化地建立了一种关系，从而促成了商业上的成功。

现实生活中，我们常常会遇到"我为什么要主动""我先付出会不会吃亏"之类的心态，但真正长远来看，愿意主动付出的人从不吃亏。哪怕是一句鼓励、一份小礼、一种尊重，都可能成为打开他人心门的钥匙。这种付出不应被简单理解为功利性的交换，而是人与人之间信任建立的桥梁，是情感流动的媒介。

人与人之间的信任与连结，往往源于那些毫不计较的小付出。真正聪明的人，不是算计得失，而是懂得用细节赢得人心。懂得付出的人，最终往往是收获最多的人。他们不仅赢得了尊重，也赢得了机会。

职场中也是如此。领导欣赏那些主动承担、乐于协作的下属；同事也更愿意与热情大方、愿意帮助他人的伙伴共事。一时的付出或许短期内看不到回报，但它在无形中种下了信任的种子。当机会来临时，那些默默耕耘、愿意付出的人，往往会被优先选择。

在这个功利化色彩日益浓厚的社会里，"礼尚往来"依然具有强大的生命力。它不仅是一种文化传承，更是人际关系中最朴素也最有效的法则。真正的智慧，不是斤斤计较，而是在合适的时候给予他人温暖和善意。这份真诚，终将成为你通向成功的重要通道。

智慧道理

懂得付出，是通向成功的重要法则。它不仅提升了人际关系的质量，更是在无形中为自己搭建了良性互动的桥梁。付出不是亏损，而是一种智慧投资，是打开心门的钥匙，也是赢得尊重与成就的基石。

慷慨的同时也是在自我保存

微软创始人比尔·盖茨在遗嘱中声明，他将来去世后除每位子女可获得1000万美元，其余全部资产将捐赠给慈善机构。这一决定迅速引发社会舆论的广泛热议。在传统家庭观念中，父母的财富应当留给子女，确保后代"衣食无忧、世代享福"。但盖茨的选择却跳脱出传统"传承财富"的逻辑，展现出一种更高层次的智慧与格局。

盖茨的决定，一方面体现了慈善精神，另一方面也深含风险管理的精妙考量。巨额遗产往往引发社会关注甚至他人觊觎，无形中给家人带来巨大的心理和社会压力。而通过对财富的公开捐赠，他不仅减少了家族成员所面临的道德和舆论负担，也以一种高尚姿态赢得了公众的尊敬。这种"以慷慨换安全"的策略，不失为现代财富管理的一种高明方式，更反映出真正成熟的财富观与责任观。

事实上，这样的"分享哲学"不仅适用于个人财富的分配，在企业管理中也被反复验证其有效性。台湾一家名不见经传的中型企业——友旺科技，凭借"利润共享"制度，竟然在200名员工中培养出20多位亿万富翁。这背后的推手，正是该公司总经理欧阳自坤。他推崇"切蛋糕哲学"：将企业利润公平合理地分配给员工，让他们真正成为企业的主人。

企业管理中的慷慨不仅体现在利润分配上，也体现在日常的人文关怀中。为员工提供良好的工作环境、合理安排工作节奏、关注心理健康、设置休息空间等，都是具体可行的"让利"方式。员工不是机

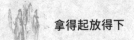

器，只有感受到被尊重与被理解，才会自发投入更多热情和责任感。

此外，企业在取得成绩时，领导者主动将荣誉归于团队，更能激发集体归属感。许多成功的企业管理者都强调，领导不是享受特权，而是承担更多责任，是在适当的时候为团队让出舞台。荣誉的分享不仅避免了内部的嫉妒和摩擦，也鼓舞了团队继续向前的信心。

"慷慨"不仅是企业家应有的美德，也是普通人在日常生活中应具备的一种处世之道。人与人之间的关系，是通过相互理解与相互付出维系的。当你愿意与他人分享资源、经验、情感时，也更容易获得信任与帮助。相反，如果凡事斤斤计较、一味索取，终将被他人疏远，陷入孤立无援的处境。

留学生简明的经历是一个典型的案例。她在美国申请学校宿舍时，被告知至少等待半年。但她发现有同学比自己晚申请却早早入住，细问之下才知晓，许多同学会给宿舍管理员送些中国特色小礼，如茶叶、工艺品，以表达感谢与礼貌。简明照做后，便在当天得到了宿舍安排。这一小小的举动，成就了她后续生活的便利，也诠释了礼尚往来的现实意义。

人生不是单打独斗的赛场，而是一场集体的长跑。在与人相处的过程中，懂得感恩、适时回馈，是赢得长久人脉、构筑信任网络的关键。尤其是在事业小有所成之后，更应主动回馈，带动团队共同进步。无论是一个组织，还是一个人，都需要在分享中成长，在共赢中壮大。

慷慨并不意味着牺牲，而是一种对未来的深度投资。分享不仅提升了他人的获得感，也强化了自身的影响力。懂得分享的人，往往也最容易赢得命运的青睐。他们在给予中成就他人，在成就他人中也实现了自己更高层次的价值。

智慧道理

真正的慷慨是一种远见。它不仅是帮助他人的行为，更是维系关系、化解风险的策略。当你愿意把部分财富、机会、资源与他人共享时，不仅能赢得好感，还能构建稳固的人脉圈。这种分享的光芒不会因时间褪色，反而在一次次互动中，沉淀出令人难以抗拒的个人魅力，成为你通向成功的强大助力。

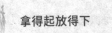

帮助别人就是帮助自己

在快节奏、高压力的现代社会，"愿意帮助他人"仿佛正在成为一种稀缺品质。很多人变得谨慎甚至冷漠，认为"帮人就是惹麻烦""费力不讨好""多一事不如少一事"。的确，当社会竞争愈发激烈、人际关系复杂多变时，在某些场合中乐于助人的观念似乎显得有些"不合时宜"。但事实真的是这样吗？

不妨从一个真实的故事说起。1960年，在英国泰晤士河边，一家普通的咖啡馆悄然开张。老板劳埃德每天接待着来往的船员和商贩，倾听他们的航海经历。这些故事中，有荣耀归来的喜悦，也有失去一切的哀叹。面对那些遭遇海难、血本无归的船员，劳埃德并没有推开他们，而是默默免去了他们的咖啡钱，只希望在他们最失落的时候给予一点温暖。

一天，他偶然听到一位海员谈起"如果有一种机制，能在航行前出点费用，一旦遭遇意外就能得到补偿，那该多好"。这个念头深深触动了劳埃德。他开始构思：能否创立一个面向海运的保险制度，为这些冒着生命危险的人建立一份保障？

起初，很多人都不看好这个想法，甚至嘲讽他是"把钱扔进大海"。但在船员们的支持下，这份简单的善意逐渐转化为现实。于是，"劳埃德保险公司"应运而生，最初专注于海运保险，后来逐步拓展业务至航空、航天、影视乃至个体身体部位的保障，成为享誉全球的保险业巨擘。

劳埃德并非一开始就拥有宏图伟业，他的成功源自于一个朴素的善念。他愿意在别人困难时伸出援手，不计得失地提供帮助，却因此无意中撬动了商业模式的创新，也走上了成就自己的道路。这个故事证明：真正的善意，终会以某种方式回报你。

帮助别人，其实也是在成就自己。人们常说"授人玫瑰，手有余香"，一个发自内心的帮助，或许在当下看不到直接回报，但它可能在不经意间开启新的机遇，拓展人生格局，甚至改变命运的轨迹。

在现实生活中，乐于助人的人通常也拥有更强的人际网络和社会支持系统。他们在危机中更容易获得他人的帮助，在机会到来时更容易被优先考虑。因为人与人之间的关系，从来不是一锤子买卖，而是长期互动的积累与回馈。

帮助他人，也是一种战略性的人生智慧。当你在他人最需要时伸出援手，对方会铭记于心；当你主动分享资源、提供便利时，便为自己建立了良好的人脉基础。今天你为别人铺了一条路，明天别人也可能为你点一盏灯。社会关系的核心，在于"互惠"与"信任"的良性循环。

此外，善行的给予也具有强大的感染力。一个愿意帮助他人的人，往往更具亲和力与领导魅力。在团队中，他们更容易成为凝聚人心的核心；在家庭中，他们更容易成为温暖的依靠。久而久之，这种人格魅力所带来的价值，远远超过一时的得失计算。

当然，帮助他人并不意味着盲目牺牲自己，更不是泛滥的"老好人"行为。真正成熟的帮助，是在尊重边界、衡量能力的前提下，主动为他人创造价值；是明知对方可能无以回报，也愿意伸出手；是看

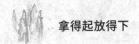

见他人困境时，不以冷漠视之，而是尝试做出一点力所能及的行动。

正如一句哲言所言："一个人真正的财富，不在于他拥有了多少，而在于他影响和帮助了多少人。"帮助别人，其实就是在塑造更好的自己。那是一种更长远的投资，是对未来的一种预先布置，更是对人性善意的回归。

别轻视任何一个善举。你愿意扶起跌倒的人，其实就是在筑起自己未来的希望；你愿意为别人解围，也是为自己积累福报与信任。善良不是软弱，而是一种看得更远的力量。懂得帮助他人的人，终将在生活的某个转弯处，收获别人为他点燃的光亮。

智慧道理

人与人之间的关系如同镜子，你的付出往往决定了别人对你的态度。在力所能及的范围内，愿意伸出援手，不仅能温暖别人，也能点亮自己的路。搬走别人脚下的石头，有时就是为自己清除障碍；助人一臂之力，也许就是为自己的未来搭建台阶。

贪小便宜吃大亏

在现实生活中，总有人热衷于从小处"占点便宜"。他们觉得这一切不过是"举手之劳""顺手牵羊"，付出的成本几乎为零，便宜拿了就是"赚"。然而，他们未曾意识到，这种小聪明的背后，往往潜藏着极大的风险，甚至可能为自己的人生埋下深深的隐患。

比如，有些商贩为了一时之利，会在秤上做手脚，或者以次充好。刚开始，他们或许能靠这种方式获得一时的"利润"，但久而久之，被顾客发现了猫腻，其口碑便会一落千丈，生意也就越来越冷清。靠欺骗获得的利益，就像盖在沙滩上的楼房，根基不稳，终将崩塌。

在职场中，类似现象也屡见不鲜。一些员工在看似细微处触犯底线，比如公私不分、私用办公资源、虚报费用等，结果往往付出惨痛代价。某公司文员胡力就是一个典型例子。她平时工作表现中规中矩，却有一个不好的习惯：将公司文具、纸张等物品带回家使用。一次，她随手拿了几本印有公司标识的稿纸给孩子当作作业本使用，没想到孩子的老师竟是公司合作方高层的家属。

老师看到作业本上的合作方公司标识后，立即反馈给其家人，后者大为不满，质疑这家公司管理松散、制度混乱。结果，该合作方迅速终止了与胡力所在公司的业务往来，造成了不小的经济损失。胡力也因此被辞退，不仅失去了工作，更失去了一个行业内的好名声。这本是一次无意的"小动作"，却演变成一场影响深远的职场灾难。

这类看似"无伤大雅"的行为，其实本质上是对规则与信任的破坏。一个人的行为是否值得信赖，往往就在这些小事中显露出来。公司资源虽小，但承载的是制度的严肃性与组织的底线。一旦有人轻易突破，就等于打开了道德滑坡的缺口，结果往往难以挽回。

一个人是否值得托付，往往不仅在于他在大事上的表现，还在于小节上的自律。职场中，能力固然重要，但品格才是决定一个人能否走远的关键。很多企业在选拔干部时，并不只看能力高低，更重视其操守与人品。一个贪小便宜、习惯性投机取巧的人，即便才华出众，也难以得到真正的信任与重任。

相反，那些看起来"吃小亏"、坚持原则、不占便宜的人，反而更容易赢得领导和同事的尊重。他们身上有一种令人安心的力量——不会为了眼前利益而牺牲规则，更不会因个人欲望而损害整体利益。

"吃亏是福"并非空洞说教，而是一种深谙长远利益的智慧。在商业社会中，表面上的"吃亏"往往是一种战略性的投入。某商人为了维护所持艺术品市场价格的稳定，在拍卖会上高价买下了一幅其实并不出众的画作。这一举动令市场误以为该画系藏品之一，从而稳定了整体价格走势，也为他所持的其他作品赢得高估值。看似当了"冤大头"，实则是在进行一场高明的市场操控。这种短期让利，最终带来的却是长期收益。

除了物质损失，最可怕的是一旦失信，使人品受损，就难以重建。宇明曾是一家企业的副总经理，事业发展前景一片光明。可就在一次财务报销中，他为了一笔8000元的私账做了手脚。虽然上级出于私情并未追责，但他自己知道，这种行为已在公司内部传开。从此之后，他在重要决策中被边缘化，信任度大幅下滑。最终，他主动辞职，离开了原本风头正劲的岗位。

面对朋友的询问，宇明坦然说道："这 8000 元，是我一生最贵的代价。"失去的，不仅是一份工作，更是一段人脉、一次信任、一段前程。他后悔莫及，但事已至此，已无力回头。许多时候，真正将人拖垮的，不是那些惊天动地的失误，而是一次次看似无害的小聪明。

在现代社会中，诚信不仅是道德要求，更是职场和商业世界中的核心资产。一个人一旦在小事上失信，哪怕日后痛改前非，仍难完全挽回他人在心理上形成的"负面标签"。有些损失是可以弥补的，但信任一旦崩塌，想要重建则举步维艰。

因此，在生活和工作中，我们更应保持警觉，对"占小便宜"之类的诱惑保持清醒的认识。真正有远见的人，只有懂得克制自己的短期欲望，才能维护自身长久的信誉。在看似平凡的每一个决定里，守住底线，远离贪念，就是为自己铺设一条通往成功与尊重的康庄大道。

智慧道理

"贪小便宜吃大亏"是人生中亘古不变的真理。诚信和忠诚是为人之本，一旦丧失，不仅会失去他人信任，还可能让自己多年打拼毁于一旦。贪小利未必带来财富，却极可能换来沉重代价。真正的成功，始于本分做人，诚信立业。

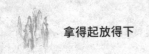
生命的意义在于付出

"赠人玫瑰，手留余香"是一句广为流传的谚语，短短八字却蕴含深刻的人生智慧。它告诉我们，真正的付出并不会让自己失去什么，反而能在人际之间播下温暖与信任的种子。很多人以为给予就是牺牲，其实，付出的过程往往也在悄然成就自我，润泽心灵。

有人说，生命的价值就在于付出。这句话听起来很理想主义，但它的真谛却在自然界中得到了最直观的诠释。以色列有两大内海：加利利海和死海。这两个海的存在状态，正好代表了两种截然不同的生命态度。加利利海水清鱼跃，生态丰饶，湖畔绿树成荫，鸟鸣不断，是一片生机盎然的水域。原因就在于它接纳了来自约旦河的水源，又将水继续流出，滋养周边的土地与生命。而死海虽然也同样接纳了约旦河的水源，却从不向外输出，水分只能不断蒸发，最终积聚高盐，寸草不生，毫无活力。

它们这一明显对比耐人寻味：前者因给予而鲜活，后者因贪婪而死寂。人的生命状态亦如此。一个人若只懂得索取，吝于付出，便会逐渐封闭、萎缩、陷入孤立；而愿意分享、乐于奉献的人，不仅能获得他人的尊重，更能在内心建立一种持久的丰盈与富足的力量。

生活中很多人误以为，所谓"付出"，一定要物质丰厚、举足轻重，才能体现价值。其实不然。真正打动人心的，从来都不是礼物有多贵重，而是其中传递出的情感与真诚。

付出还会在人际关系中播种信任，构筑桥梁。人与人之间的信任，是通过一件件看似不起眼的小事慢慢积累起来的。一次真心的帮助、一次主动的分享，可能就会成为打开关系之门的钥匙。

企业管理中也有类似付出与回报的智慧。许多成功的领导者都懂得一个道理：与其独享成果，不如适度分享，换来团队的凝聚力和员工的归属感。正所谓"独行快，众行远"，一个愿意为团队付出的领导，反而能成就更大的事业。这不仅是一种策略，更是一种格局。

在人际层面，真正懂得付出的人，往往内心丰盈，富有力量。他们不会因小利而斤斤计较，也不会在双方关系中频频索取，而是在别人需要时，默默给予，在关键时刻伸出援手。他们不怕吃亏，因为他们知道，世界是圆的，善意终将回到自己身上。

心理学研究也表明，那些乐于助人、善于给予的人，幸福感显著高于以自我为中心的人。这是因为，付出的行为会激活大脑中的奖赏机制，使人感受到内在的满足与价值感。也就是说，帮助别人，最终成就的也是自己。

当然，付出也需要智慧。不是盲目地"奉献一切"，而是建立在理性和自愿的基础之上，要衡量自己的能力、权衡对象的需要、明确自己的底线。真正成熟的付出，是一种有节制的慷慨，是一种温柔而坚定的力量。

"赠人玫瑰，手留余香"的美，不只在于玫瑰本身，更在于那一份由内而外散发出来的善意和修养。它是一种人格的力量，也是一种持久的魅力。在纷繁复杂的现实中，它提醒我们：在物欲横流的世界里，不妨学会为他人点一盏灯，也为自己留一束光。

智慧道理

　　真正明白生命意义的人，懂得付出的力量。你给予他人温暖，便能照亮他的人生；而你所在的世界，也因这样的善意而阳光普照。正如那句老话所说："你种下的善意，也会以另一种方式回到你身边。"生命因给予而美丽，因奉献而丰盈。

第二章

拿得起是主见，放下偏见

——有时盲从会使你的人生走弯路

在这个信息爆炸、节奏飞快的时代，许多人容易被潮流裹挟，随波逐流。从众的选择似乎成了"安全"的代名词，模仿成了"成功"的通行证。然而，真正的突破往往来自那些勇于坚持自我、不盲目跟风的人。他们敢于在潮流之外寻找属于自己的方向，最终收获的是更多的自由与价值。

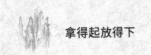

有主见就不会盲从

在古希腊流传着一个寓言：谁能解开"高尔丁之结"，便可获得统治亚洲的权力。这道难题吸引了无数智者前来挑战，但皆因无法找到线头铩羽而归。直到亚历山大站在这个结前，他没有执着于寻找线索，而是果断拔剑，一劈两段，结自解开。此举震惊四座，他也因此获得"王者"的称号，迈向征服世界的征途。

这个寓言所传递的，不仅是一个传奇帝王的果敢，更是一种思维方式的突破。亚历山大的成功，不在于他是否聪明，而在于他有没有主见。他没有盲目延续他人的路径，而是勇于以自己的方式解题。这也正说明：真正的突破，源自独立判断与果断行动，而非墨守成规地模仿他人。

现实生活中，太多的人习惯依赖现成的答案。他人怎么做，自己就怎么跟，仿佛选择随大流才最安全。殊不知，盲从并不能带来真正的成长，反而容易陷入平庸与迷失。一个没有主见的人，面对选择往往优柔寡断，缺乏底气；而一个有主见的人，即便道路坎坷，也能坚定地走下去，最终走出属于自己的成就之路。

在历史上，类似亚历山大的决断与魄力的人还有很多。英国著名军人基钦纳便是一个典型。他以冷静、果断著称，是一位极富主见的指挥官。南非战争期间，他不按常规出兵，而是秘密率领少数亲信直接奔赴卡波城，临机决断地处理军中弊端。他的一纸命令，撤换了违纪的高级军官，以雷霆之势整顿军纪，稳定了战局。这种不依赖层层汇报、敢于独断的作风，正是建立在深厚的判断力和坚定的自信之上。

可见，有主见的人不一定张扬，却一定坚定；不一定事事正确，却总能在混沌中找到清晰的方向。他们的成功往往不是因为聪明绝顶，而是因为在关键时刻敢于决断、敢于承担责任。

那么，在日常生活中，我们如何才能培养自己的主见，不随波逐流，做一个真正独立思考的人？

（1）建立自信，信任自己的判断

自信是主见的根基。很多人之所以容易被他人影响，正是因为内心缺乏自我认同。他们害怕出错，害怕与众不同，结果宁愿选择附和，而不敢提出不同意见。其实，每个人都具备独立思考的能力，只是没有勇气去使用。面对问题时，尝试先独立思考，再判断他人观点是否合理，这个过程本身就是对自信的积累。

（2）主动观察与反思，积累经验与见识

主见并非空穴来风，而是长期观察、反思与实践的产物。在日常生活中，我们要善于分析问题的本质，关注事物背后的逻辑。比如面对一次集体决策，你可以思考为何多数人选择某方案？是否有更优路径被忽略？不断训练这种批判性思维，主见自然会逐步建立。

（3）拓宽视野，吸收多元信息

一个视野狭窄、知识有限的人，很难拥有真正有深度的主见。阅读经典书籍、关注社会动态、与不同背景的人交流，都是拓宽认知边界的有效方式。通过不断学习与积累，逐渐形成自己对事物的价值判断体系，才能在面临选择时，更有底气与方向感。

（4）养成"先想后问"的习惯，强化思维独立性

在遇到问题时，不要急于向他人求助。试着先在脑海中构建初步方案，然后再征询他人意见。这种"先想后问"的思维方式，可以有

效提升你的独立决策能力。听取意见可以避免盲区，但最终的决定，应当由你自己做出。只有在实践中不断试错，你的判断力才会日趋成熟。

（5）坚持内心想法，不轻易动摇

在现代社会中，有主见的人常常会面临质疑与不理解。尤其是在团队协作中，坚持自己的想法可能会带来阻力甚至冲突。但请记住：不是所有坚持都是固执，关键在于是否有理有据。要学会理性表达、尊重他人，但更要懂得在关键时刻坚守内心，不因外界声音而轻易放弃自己的判断。

坚持主见，并不等于固执己见。一个真正有主见的人，敢于独立判断，也懂得尊重他人；他们不会盲目追随潮流，也不刻意标新立异，而是建立在对问题深入理解后的坚定选择。他们愿意倾听，但不轻易动摇；愿意协作，但不迷失方向。

人生是一个不断选择的过程，能否走出属于自己的路，取决于你是否有清晰的判断力与独立的思想。在风口浪尖时，敢于以自己的方式解题；在人云亦云时，敢于说出不同的声音；在众说纷纭中，敢于承担选择的后果。只有这样，我们才能不被洪流裹挟，而是掌握自己人生的方向盘。

如同亚历山大挥剑斩结，要学会不盲从、不妥协、不迷惘。有主见的人，也许不能避免错误，但却能凭借自信与清醒，在曲折中走得更稳更远。

智慧道理

在生活与职场中，坚持思考，不盲从于众，是自我成长的重要途径。每一个有主见的人，都是用自己的方式解开"死结"的亚历山大。不随大流、敢于选择不同路径，才更有可能收获属于自己的独特成就。

凡事三思而行

大发明家托马斯·爱迪生曾说："很多我以为对的事情，一经实践就发现错误。因此我从不轻易下判断，凡事都要仔细权衡后再行动。"这句朴素的话语，恰恰道出了一项通向成功的重要法则——思考是行动的前提，谨慎是成就的保障。

在生活和职场中，我们往往追求效率、强调果断，却忽略了深思熟虑所带来的长远价值。现实中，许多失败并非源于能力不足，而是由于草率决策、行动冲动所导致。缺乏思考的人容易被情绪牵引，尤其是在面对压力或挑战时，为了争取表现或快速反应，往往做出未经过全盘分析的承诺，结果不仅耽误进展，更严重的是，损害了他人在关键时刻对他的信任。

某公司职员文强就曾因轻率承诺而失去发展机会。他在一次会议中被安排负责一项工程技术难度较大的新项目，面对上级有无困难的询问，他毫不犹豫地拍胸脯保证"绝对按时完成"。然而，他在事前并未认真评估实际操作的困难，未与团队进行详细讨论，也未厘清项目中潜藏的问题。三天后，项目毫无进展，团队成员也因缺乏准备而陷入混乱，导致整体进度被迫延期。

虽然领导没有当场批评他，但自那以后再也没有将核心任务交给他。文强的问题并不在于缺乏专业能力，而是在于缺乏"三思而行"的意识。他急于表达忠诚，却忽略了真正负责任的表现，是基于理性判断后做出的可行承诺。过度乐观与盲目自信，本质上是一种不负责任的态度。

这就是凡事讲究"三思而行"的重要性所在。世事纷繁，问题的真相往往隐藏在表面之下，仅凭经验和直觉是远远不够的。唯有多角度分析、全方位评估，才能制定出真正切实有效的行动策略。

那么，我们应如何在现实生活中做到"三思而行"呢？以下几点建议，或许值得参考：

（1）思考与行动并重，切忌盲目求快

在信息爆炸、节奏加快的当代社会，很多人陷入了"效率至上"的陷阱。他们以为越快越有效，于是常常在尚未理清方向时就匆匆动手。然而，在混乱中做出的决策，往往缺乏深度，也容易陷入返工与重复，最终导致事倍功半。

聪明的做法不是一味追求速度，而是给思考留下空间。当你面对任务时，不妨先问自己几个关键问题：这件事是否值得做？存在什么风险？有哪些资源可以整合？是否有更优解法？当你将这些问题想清楚后再动手，行动的效率和质量才会更有保障。

（2）决策之前，多收集信息，谨慎验证

做决定不能靠感觉，尤其在面对陌生或重要事务时，更应做到有据可依。成功的决策者往往会在行动前尽可能搜集资料、比对数据、咨询专业意见。他们明白，信息的完整性直接决定了决策的准确度。

职场中的很多失误，其实并不是缺乏能力，而是因为对问题缺乏全局了解。比如一个市场推广人员若不了解目标用户的真实需求，仅凭流行趋势制定方案，就容易出现"形式大于内容"的误区。相反，一个懂得查阅数据、倾听用户反馈的人，即使动作慢一些，方案却更有针对性。

（3）情绪是决策的大敌，克制冲动更显智慧很多令人追悔莫及的决定，都是在情绪冲动下做出的。人在愤怒、焦虑或兴奋时，往往会高估自己的能力，低估事情的复杂性，甚至忽略潜在的风险。

面对突发事件或矛盾冲突时，最需要的不是立即表态，而是"缓一缓"。沉默几秒，深呼吸一下，换个角度看问题，你就会发现许多原本想不到的可能性。控制情绪、延迟决策，是成熟思考的重要标志。真正有智慧的人，不是决策做得多快，而是看得更远、想得更深。

（4）养成复盘与预判的思维习惯

"前事不忘，后事之师。"很多人在工作或生活中做错了事，却从不回顾原因，自然也无法避免重蹈覆辙。而那些真正进步的人，往往在每次行动后都会主动反思：哪里做得好？哪里考虑不周？有哪些地方可以优化？久而久之，他们的判断力和应变能力都会大幅提升。

同样地，在行动之前，模拟几个可能发生的情况，思考每一种情境下的应对策略，也能帮助我们提前做好准备，避免仓促之中措手不及。拥有复盘与预判能力，等于拥有了"未雨绸缪"的能力。

智慧道理

"磨刀不误砍柴工"，看似耽误时间，实则提升效率。三思，不是拖延，而是为了少走弯路、稳步前行。就像开车出门前先看地图，明确路线虽耗时，却能避免误入歧途。凡事多思一层，行动才会更加坚定有力。真正的智慧，是在行动前用心想清楚、看透彻，这样走得再远，也不会偏离方向。

直爽不等于口无遮拦

在生活中，不乏性格直爽的人。他们待人坦率、做事果断，从不斤斤计较。这样的人常常给人一种真实、坦诚、不做作的印象。然而，令人遗憾的是，这样的"爽快人"并不总是受欢迎，甚至在某些社交场合中容易遭到误解和排斥。究其原因，往往不是他们人品不好，而是在表达方式上缺乏分寸与温度。他们习惯直来直去，常常忽视场合、忽视对象、忽视语气，结果让本应是善意的言辞变成了无心的伤害。说者无意，听者却早已皱眉。

人与人之间的沟通，不仅是信息的传递，更是情感的交汇。人是有自尊心的，人人都渴望被尊重与理解。若在交谈中，不经意地触及对方的隐私、缺点或痛处，即便出发点是善意，也极易引发对方的反感与防备。这种情况若反复出现，这种直率就会从"优点"变成一种"社交障碍"。久而久之，人们开始对所谓"爽快人"敬而远之，话虽直接，但无人愿听；人虽坦诚，却难得人心。

说话是一门艺术，更是一种修养。即使你想表达的是真心的关怀，也应注意语气、措辞和方式。适当的委婉、恰当的比喻、体贴的表达方式，往往能够在不伤害他人的前提下，传达出你想说的内容，甚至达到事半功倍的效果。比如，一位售货员面对一位身材较胖的顾客，并未直接说出"穿不下"或"不适合"，而是温和地推荐适合她身形的款式，并详细介绍款式的线条设计、色彩搭配和穿着效果，最终不仅赢得了顾客的好感，还达成了交易。这是一种说话技巧，也是一种尊重的体现。同样，在探望病人时，也应避免不当的提问。有位女青年去看望久病在床的姨妈，见面第一句话就是"饭量可好"，结果惹得姨妈脸色发沉、气氛凝重。其实她的本意是关心，但问题的表述方式不够得体，恰好戳中了对方病痛中最焦虑的问题。类似这样的尴尬，本可以避免。

幽默表达亦如此。在社交中，幽默确实是润滑剂，可以打破沉默、拉近距离、营造轻松氛围。但幽默并不是无所顾忌的调侃。一个得体的玩笑，可以令人会心一笑；一个失控的玩笑，则可能令人脸红心冷、难以释怀。尤其在涉及疾病、隐私、民族、性别等敏感议题时，更需慎之又慎。曾有一位职员张同，在"非典"时期从疫区返程后，竟在办公室开玩笑说自己感染了病毒，并故意咳嗽几声假装请假，引发同事恐慌，单位紧急停工，并将其送去隔离检查。最终证实是虚惊一场，但他却因此受到公司处罚，还被公安机关依法处理。这场原本"自以为幽默"的玩笑，不仅损害了个人信誉，也扰乱了集体秩序。事实说明，语言若缺乏边界意识，不仅伤人，也可能害己。

说话是一种能力，更是一种责任。当我们把"实话实说"视为美德时，也不能忽视表达的时机、场合与方式。不是所有的"真话"都必须立刻说出口，也不是每一个"实在"都值得夸赞。真正善良的人，会用温和而坚定的话语守护他人自尊；真正睿智的人，会用体察与分寸平衡真实与善意。

那么，如何在坚持真实的同时，不轻易伤害他人？答案并不复杂。它藏在你是否愿意多站在对方的角度想一想；藏在你是否能把好心表达得更有温度；藏在你是否愿意在言语出口前，先做一次情感过滤。当我们学会在关心中保留分寸，在沟通中注入礼貌与修养，我们的语言就不再是锐利的工具，而是润物细无声的桥梁。

直爽，不该成为横冲直撞的借口，而应成为真诚、坦荡且温柔有力的表达方式。真话不必生硬，坦率也可柔和。愿我们在保有真实的同时，也能学会表达的温度；愿每一份真诚的善意，都能被好好传递，而非因方式不当而被误解甚至拒绝。让语言成为连接人心的桥梁，而不是隔离人与人的墙。

智慧道理

"言为心声"，说话体现一个人的修养和情商。直爽固然可贵，但口无遮拦则易生是非。掌握沟通的技巧，不仅是与人交往的基本能力，也是打开心门、赢得尊重的关键。愿我们在表达真实自我的同时，也不忘传递温柔和体贴，让言语成为沟通的桥梁，而非人际的屏障。

得理饶人才能征服人

在人际交往中，最让人感到棘手的，往往是两类人：一类是不讲理、胡搅蛮缠，不分青红皂白就坚持己见，一味争执，不知进退；另一类则是过于讲理、咄咄逼人，凡事分得一清二楚，容不得半点模糊与妥协。这两种性格看似截然相反，却都让人难以靠近。前者令人心生厌烦，因为他们毫无法则、不讲逻辑，与之交流毫无效率；后者则让人倍感压力，因为他们固执己见，不懂体恤，缺乏人情味。归根到底，人际沟通的长久与否，不在于谁对谁错，而在于能否掌握好情理之间的平衡。真正高情商的人，往往能做到"理直气和"，有理时不咄咄逼人，有据时不寸步不让。

古人说："理直气壮易，理直气和难。"在人际交往中，保持一份温和的态度远比争个理更重要。遇事据理力争固然必要，但若不能体谅他人、适可而止，往往适得其反。有理不能饶人，只会将人逼入死角，失了人心，坏了局面。反之，适当退让、宽以待人，不仅能化解矛盾，更能赢得他人的尊重与信任。郑板桥曾说："退一步天地宽，让一招前途广。"这句话道出了处理人际关系的真谛：大是大非面前坚持原则，细枝末节之处适当退让，反而能成全更大的格局。

历史上的政治家、谋略家往往深谙此道。三国时期的曹操便是"得理饶人"的代表人物。官渡之战前夕，曹操截获多封手下与敌方袁绍私通的信件，按照常理，这种行为实属叛变，应重罚以正军纪。然而曹操并没有追查，也没有惩治，而是当众将信件全部焚毁，淡然说道：“连我都不知道能否打赢，将士们动摇也是人之常情。”这番话不仅平息了内部动荡，更赢得了将士们的忠心效命。他用的是信任换忠诚，用的是宽容稳人心，而非用铁腕逼迫顺从。这份度量与远见，使他得以在危机中稳住阵脚，也为其后代日后建立魏国奠定了民心基础。

“得理不饶人”，从某种程度上看，是一种自我膨胀的表现。占了上风还不肯放人一马，只会让对方在愤怒中转为敌意。一个人若总是在细节上咄咄逼人，势必会逐渐失去朋友、破坏合作，最终孤立无援。人生不是一场非赢即输的博弈，而是一场需要相互成全、共同进退的长途旅行。很多时候，一个眼神的谅解、一句宽容的话语，所带来的影响远大于一次强硬的胜利。就像作家契诃夫所言：“衣袋里起火，你应庆幸那不是火药库；手指扎刺，应庆幸不是伤了眼睛。”换个角度看待问题，学会体谅别人，我们自然也能在生活中减少许多纠纷与误解。

人在有理时适当饶人，看似吃亏，实则赢得的是更广阔的人脉、更稳固的局势和更长远的回报。人与人之间的关系，并不是非得争出个对错不可。很多时候，最难得的是给彼此留有余地。真正懂得宽容的人，未必事事占上风，但他们一定更能长久地拥有信任与支持。

人际关系的本质，从来不是一场讲理的较量，而是一场体贴与理解的互动。你尊重他人的情绪，他人也会体谅你的立场；你在得势时宽容三分，别人在你低谷时也会伸出援手。那些能够在有理时保持温和、不咄咄逼人的人，往往在人生的长河中走得更稳、更远。

得理也要饶人，不只是涵养，也是一种胸怀与格局。宽容不是退缩，而是一种进退有度的能力，是在强者位置上的体谅，是在优势局面下的留情。一个人越是有能力、有底气，越应懂得以情带理、以理容人。在纷繁复杂的人际关系中，真正赢得人心的，从不是声音最大的人，而是那个最懂得进退得宜、体恤人情的人。愿我们在坚持原则的同时，也能学会柔和与体面，让每一段人际关系，都多一点宽容，多一点理解，多一点温度。

智慧道理

真正高明的人，不是得理就据理力争，而是懂得适时收手，让人心悦诚服。你在有理时让一步，可能会换来别人一生的感激与回报。这种掌控节奏的能力，才是真正能征服人心的力量。

偏见让你远离人群

　　偏见，是指在信息不充分的情况下，凭主观臆断给他人贴标签，以局部代替整体，用一点印象构建一个完整判断。比如初次见面，对方衣着随意、谈吐粗俗，你可能就认定他是没素养的人，然而，他也许是学识渊博、性格随和的大学教授。这种以貌取人的思维方式，在日常生活中屡见不鲜，也往往容易导致误判。许多人因此错失了结识真正优秀朋友的机会，也因误解而伤害了原本可以建立的关系。

　　先入为主的判断，源于人类追求效率的心理机制。我们本能地依据已有经验快速归类，把人和事简化到某种刻板印象中。然而，这种"捷径思维"带来的后果却是简单而狭隘的认知。一旦我们以偏概全，很可能从一开始就为彼此的相处埋下隔阂和误会的种子。更严重的是，当偏见被对方察觉时，对方会感受到被轻视、被定义的不适，原本可以建立的信任和尊重也将无从谈起。相反，若我们怀着一颗平等、谦逊、包容的心去认识他人，尽可能放下主观臆断，更多从对方的处境、经历和行为出发，就更容易打开对方的心扉，建立长久的人际关系。

　　人与人相处，最重要的不是用一处短处来否定一个人，而是要尽量去了解他的完整与真实。每个人都是复杂而多面的，任何单一的标签都不足以概括一个生命的全部。有的人外表粗糙，却内心柔软；有的人沉默寡言，却极富智慧；有的人在人前并不讨喜，实则重情重义。我们若总是以第一印象来决定与谁接近、与谁疏远，那终究会活在自己筑起的狭隘围墙里，错过无数值得深交的人。

日本的梦窗禅师，就是一个以宽容消除偏见的典范。一次，他搭船渡河时，船刚起航，一位将军匆匆赶到请求登船。众人都觉得麻烦，主张不必回头。但禅师却请船夫掉头接人，显示出其仁爱和体贴。没想到将军登船后见无空座，竟动手打伤禅师，强占座位。其他人愤怒不已，但禅师始终沉默，未加反驳。待船靠岸后，那位将军在众目睽睽下羞愧难当，终于跪地道歉。禅师却温和地说：“出门在外，心情不稳是常有之事。”他的这句话，如春风化雨，消融了将军的羞惭与敌意。这份宽容，不仅震撼了在场众人，也深深打动了将军，使其从此悔过自新，最终成长为一代名将。禅师的感化力，并不靠权势，而是来自他不以成见待人的宽阔胸怀。他用尊重代替判断，用理解代替责难，从而赢得了真正的影响力。

同样，春秋时期的楚庄王在一次宴会中也展现了他的远见与宽厚。黄昏时，疾风吹灭蜡烛，一名大臣酒后失礼，竟调戏美人，美人愤而撕下其冠缨请求点烛识人。照常理应当严惩，但楚庄王却传令不要点燃蜡烛，并且说：“今日畅饮，若谁冠缨未断，就是没尽兴。”众臣一听，纷纷扯断自己的冠缨，以此掩盖当事人，保护其颜面。三年后，这位大臣在战场上奋不顾身，舍命杀敌，用实际行动回报了楚庄王当年夜宴上的宽容之举。楚庄王的处理方式，既避免了当场的尴尬，也为将来赢得忠诚埋下了伏笔。这不仅仅是一种手腕，更是一种理解人性、尊重他人尊严的智慧。

偏见之所以可怕，在于它是隐形的冷漠。你对一个人的否定，可能只在一瞬间完成，但对他的影响却是深远且持续的。尤其在人身处低谷、失意甚至犯错之时，最容易成为他人偏见的靶子。而这个时候，如果身边有人依旧选择相信你、理解你，那种情谊才最值得铭记。一个人真正的价值，并不取决于他一时的光鲜或困境，而是他面对困难时的态度和长期的行为表现。

人生不如意事十之八九，每个人都有情绪失控、行为失当的时候。重要的不是我们是否犯错，而是别人能否在我们失误时依然给出理解和尊重。一个人能否在逆境中崛起，往往也离不开周围人是否愿意抛开偏见来给予支持。因此，愿我们都不要因一时的主观判断，错失真正值得结交的人；不要因一处的缺点，否定别人的全部。正如俗语所说，"三十年河东，三十年河西"，没有人会永远处于低谷，也没有人能永远高高在上。保持谦逊、保持尊重，是我们对他人最起码的善意，也是人生路上最可靠的修养。

偏见是看不见的枷锁，是把他人困在错误印象中的牢笼，也是让自己停留在浅薄处的阻碍。而真正的智慧，则是在认识世界与他人时，保持一颗愿意深入了解、愿意接纳差异的心。唯有如此，我们才能走出认知的狭隘，走近他人真实的世界，让人与人之间的关系更加通达、温暖、可信。愿我们都能少一些偏见，多一份理解；少一些评判，多一份尊重。因为每一个你愿意了解的人，背后都藏着一个你未曾预料的精彩人生。

智慧道理

别因一时印象给人贴标签，别用一处缺点否定整个个体。多一点理解与尊重，少一点武断与评判，不仅能让人际关系更和谐，也会让我们的生活轻松许多。偏见不是保护，而是阻隔；而放下偏见，才是真正走近他人的开始。

第三章

放得下才是精明

——聪明而糊涂才是真正的高明

"难得糊涂"并非愚笨，而是一种超脱的智慧。它是"大智若愚，大巧若拙"的境界，是看透世事后的从容不争，是"大勇若怯"的克制，是"以柔克刚"的力量，是"有所不为，而后有所为"的睿智选择。

真正的"糊涂"，不是看不清，而是看透后的一种自我调节，是不执着、不较真、不强求的淡定态度。因为懂得，所以宽容；因为放下，所以自在。这种智慧，让人清醒、冷静，更拥有大气度与从容心。

聪明反被聪明误

有时候，人生并不需要太多小聪明，因为聪明用错了地方，往往适得其反。所谓"聪明反被聪明误"，说的正是那些过于精明、自作聪明的人，在关键时刻反倒栽了跟头。表面上他们头脑灵活、反应迅速，似乎总能找到捷径，但在现实中，这样的"捷径"往往隐藏着深坑。那些看似巧妙的言辞和包装，在真正需要实力和诚意的时候，会迅速暴露其空洞的本质，甚至让人对其人品与能力产生怀疑。

现实生活中，这样的小聪明随处可见。有一种人喜欢与人攀比，好强争胜，不肯服输，总想用言语或行为占据优势地位。他们对别人的成绩敏感，对自己的处境不满，习惯用贬低别人来衬托自己的优越，结果不但搞坏了人际关系，也使得自身陷入孤立。另一种人则热衷于表面功夫，口头承诺滔滔不绝，行动却总是力不从心。他们在众人面前侃侃而谈，把生活变成了一场表演，言辞华丽却内容空洞，最终令人失望。

小聪明的本质是一种表层化、短视化的应对方式。它以逃避问题为前提，以虚张声势为手段，试图用"伎俩"代替"能力"，用"伪装"掩盖"短板"。然而，时间和事实终会揭开这些虚伪的面纱。真正的聪明，并不在于一时的伶牙俐齿或应变能力，而在于扎实的内功与稳重的姿态。浮夸只能换来一时好感，而真正的尊重，则来自于内在的深刻与真诚。

刘平的例子正是如此。他在短时间内两次面试失败，本可以反思提升，却在第三次面试中依旧试图用小聪明取巧。他迟到半小时，非但没有真诚道歉，反而用一句"怕你们刚上班太忙"试图巧妙化解，但这番话明显轻视了面试的正式性和时间观念。在试图展示自己的"成长"时，他谈及自己如何刻苦学习英语，以此彰显自我改进的态度。可真正到了需要英语口语展示的环节，他却词不达意、语序混乱、表述紊乱，彻底暴露了英语功底依然薄弱的现实。

更关键的是，他并没有如实说明自己现阶段的不足，也没有展现出面对缺陷的坦诚态度。相反，他将重点放在如何讲述一个"奋斗故事"上，妄图通过包装弥补实质的差距。然而，招聘官的洞察力远比他想象得更敏锐，一句"你最大的弱点不是翻译能力，而是口语表达不行"，直接戳破了他精心编织的伪装，也点出了他的问题核心——自欺欺人、好高骛远。他自以为的"高情商"与"巧表达"，在面试官眼中却成了掩盖事实、不切实际的表现。

刘平的失败本质上是三个层面的错位：第一，实际能力不足，却妄图用言语技巧遮掩；第二，缺乏自知之明，不能清楚认识并承认自身短板；第三，缺乏诚实态度，急于取悦而忘了实事求是。他的"聪明"，不仅没能加分，反而放大了他不具备基本能力这一事实，最终在专业与人品两方面都失了分。很多时候，那些自以为机智的人，其实正在把自己推进尴尬与失败的深渊。

与之相反，真正的聪明人往往懂得克制。他们在能力不足时选择补强而非遮掩，在面对挑战时选择务实而非浮夸。他们懂得分寸，明白什么可以展示，什么应当沉默；他们清楚自己的优势和短板，也能坦然接受现实，不需用假象去装饰自我。他们不急于表现，更不会因为一时场合而强行扮演不属于自己的角色。他们深知，一时的"糊涂"未必是懦弱，反而可能是睿智；有些时候，"装糊涂"才是避免锋芒毕露的成熟表现。

拥有大智慧从来不在喧哗中显现，而是在沉静中积淀。许多真正优秀的人，在初见时未必令人惊艳，但时间长了会证明他们的价值。他们不浮夸、不夸口，但脚踏实地，心中自有方向。真正的聪明，是明白自己在什么场合该说什么话，在什么时机该沉默不语；是明白自我成长不是一场表演，而是一种持续积累；是明白他人信任的前提，是诚实和担当。

人生中不缺聪明人，缺的是把聪明用在正确地方的人。那些总想用技巧包装自己、用巧言令色博取青睐的人，终究无法获得真正的尊重。反之，那些能够实事求是、坦诚面对问题的人，反而会赢得长久的信任与机会。真正的聪明，是深思熟虑后的果敢，是厚积薄发前的隐忍，是在浮躁世界中保持清醒与真实的内心。当一个人能做到不以聪明为炫耀，而以智慧为根本时，他才是真正走在通往成熟与成功的路上。

智慧道理

真正的聪明人，不靠表演，而靠实干。他们低头做事，脚踏实地，用成果说话，不靠巧舌如簧赢得掌声，而靠扎实能力赢得尊重。聪明不是炫技，更不是自我标榜，而是在关键时刻不露声色却能一锤定音。这，才是真正的智慧。

小聪明不是真聪明

"聪明"有很多种表现：学习成绩优异、职场能力出众、生活安排得当，都能体现出聪明的痕迹。然而，真正的聪明不仅仅是智商的体现，更是一种深度的思考与格局的展现。它不止是解决问题的技巧，更是看清全局的远见，是知进退、明得失的修为。反观现实，很多人自诩聪明，却陷入小聪明的泥沼，终日忙于耍巧算计，却在关键时刻屡屡失策，最终误了前程，错失了本该属于他们的机遇与尊重。

生活中，真假聪明的分界线其实并不模糊。真聪明，是以结果导向、利他思维、长远眼光为核心；而小聪明，则常表现为对眼前得失的精打细算与对规则的投机取巧。比如有人钻法律的空子，靠信息差谋利，短期看似风光，实则踩在高压线边缘，最终落入法网；有人热衷于在朋友、同事之间"占点便宜"，哪怕是一顿饭、一张票，时间久了，再深的友情也经不起消耗；还有人一遇事就耍嘴皮子，靠谎言应付，靠花言巧语周旋，最终落得信誉全失，无人再信。这些人其实并不笨，但他们的"聪明"显得浅薄而急功近利，缺乏深度与战略远见，最终走向了与初衷相反的结果。

最典型的例子之一，来自出租车行业。有的司机为了躲避电子监控，在车牌上贴纸、遮挡信息，甚至用矿泉水瓶标签遮盖号牌，看似"聪明"，实则掩耳盗铃。这种行为非但没有为他们带来可持续的利益，反而一旦被查实，就面临高额罚款甚至吊销执照的严重后果。与之形成鲜明对比的，是另一位出租车司机的故事。他并不投机取巧，而是靠细致观察和智慧决策获得乘客认可与持续收益。有一次，一位乘客上车后说要去机场，司机却机敏地问他是否是去机场附近的外贸协会。乘客惊讶不已，追问原因，司机解释道："你没有送行人的情绪，也没携带行李，但手中拿着英文杂志，所以我判断你是去工作。"这样精准的判断不是侥幸，而是长期积累下的洞察力与逻辑思维能力。他还根据城市交通和时间规律做出科学路线规划：早上去高档小区，中午跑写字楼附近的餐饮街，下午去银行区，晚上转战娱乐休闲场所，每天收入高出同行许多。这种真正把智慧用于实际、用于服务、用于效率提升的人，才是聪明的范本。

真正的聪明，不在于取巧和耍滑，而在于用心观察、持续学习和理性判断。一个人再怎么善于表达，若无实质内容作为支撑，也终究只会被人视为"嘴皮子功夫"；再怎么会权谋算计，如果不能站稳脚跟、处理好人际关系，也只会被圈层排斥。表面的机敏容易模仿，但深层的思考、独立的判断、稳重的执行，则是拉开人与人差距的根本所在。

历史上，"聪明反被聪明误"的人物比比皆是，其中最具代表性的就是三国时期的杨修。他才思敏捷，文采出众，却恃才傲物，自视甚高，频频触怒曹操。他揭破"门上一个活字"乃是"阔"的用意，让曹操难堪；他擅自向人炫耀"一合酥"中藏有"一人一口"的用意，使曹操心生疑虑；他暗中辅佐曹植，又无顾忌地表露态度，让人防备三分。最终，他因一场"鸡肋事件"而丧命，可谓聪明过头、锋芒毕露。他的问题并不在于没有才干，而在于过分表现才干，以至于失去了分寸和自保的智慧。他虽然解读力强，但无法把握人心；虽然见识广博，却不懂收敛锋芒。小聪明用多了，不仅不再为人欣赏，反而成了致命的破绽。

真正的智者，不是炫耀自己的见识，而是在关键时刻藏锋守拙；不是以高人一等自居，而是用谦逊赢得人心。他们明白，在人际关系中，要让他人舒服地接受你的意见；在事业发展中，要懂得选择恰当的时机和方式呈现能力。他们不会急于表现自己，更不会执着于眼前的得失，而是将目光放在更长远的方向。正如俗语所说："大智若愚"，真正有智慧的人，看似低调内敛，实则心如明镜、步步有章。他们不急功近利、不为一时之胜而轻率行动，而是懂得审时度势，把握节奏，稳扎稳打，最终走得比别人更稳、更远。

聪明是一种天赋，而智慧是一种修为。天赋固然重要，但若不懂修炼，终究只是表面文章；而真正的修为，则来自日复一日的自省、自律与深思。聪明的人很多，智慧的人却不多。聪明是一种潜力，而智慧是把聪明用在对的时间、对的地方，以对的方式发挥出最大的价值。愿我们都能跳出"小聪明"的局限，追求更深远、更宽广、更有力量的"大智慧"。在复杂的世界中，做一个不炫技、不炫耀才华，默默积累、稳步前行的真正聪明人。

智慧道理

小聪明只顾眼前，缺乏深度和远见，最终难以成大器。而真正的聪明，是清醒、自律和成熟的结合，是以格局驾驭局势、以智慧赢得未来。少些炫耀，多些积淀，才是通往成功的真正路径。

大智若愚，用晦如明

人生如万花筒，变化莫测。想在纷繁复杂的社会中立足，靠的不是炫技卖弄的小聪明，而是冷静、深藏不露的大智慧。所谓"大智若愚"，正是一种以退为进、藏锋守拙的处世哲学。真正的强者，懂得隐藏锋芒，在沉静中观察局势，于无声处蓄力前行。表面的"愚钝"，往往掩盖着内心的洞察与稳重，所谓"不鸣则已，一鸣惊人"，正是对这类智慧者的真实写照。

古人云："以静制动，上上之策。"在这个信息过载、竞争激烈的时代，懂得收敛锋芒、不争一时之功的人，往往更能赢得尊重和机遇。聪明外露容易树敌，锋芒太盛则难以长久。真正有远见的人，往往在不显山不露水中暗藏锋锐，在貌似平凡中酝酿突破。他们懂得控制自己的情绪，不轻易表态、不随波逐流，更不会为了一时之利而揭示底牌。《现代汉语词典》对"大智若愚"的解释是：才智过人却不张扬，看似愚笨，实则深藏不露。这是一种更高层次的智慧，是将聪明转化为内力的过程，是对自我与世界的深度认知与把握。

现实生活中，真正的大智之人少之又少，更多人则沉迷于表面的"聪明"，沾沾自喜地耍小聪明，结果却容易遭嫉、难得志。他们以为言语机敏、反应灵活就是智慧的体现，殊不知这类聪明若无沉淀和厚度，往往难以在关键时刻扛起重任。而那些真正具有"大智若愚"风采的人，无论职位高低，往往因谦逊稳重而广受欢迎。他们深知沉默是金，也明白时机的珍贵，在低调中悄然积蓄力量，在沉静中磨炼心志，最终走得更远、站得更稳。

美国第九任总统威廉·亨利·哈里逊从小出身贫寒，他头脑灵活，心思缜密。镇上的人喜欢捉弄他，经常让他在 5 分和 10 分的硬币中做选择，他总是"傻乎乎"地选 5 分，让人们乐此不疲地取笑他。有人问他为什么不选更值钱的 10 分，他平静地回答："如果我选了 10 分，他们下次就不会再让我选了。"这句话令人莞尔，却也让人肃然起敬。这不是愚笨，而是一种更深层次的思维与判断。他用"看似愚钝"的方式维护了自己的利益，也避免了锋芒毕露所带来的嫉妒与打压。这样的智慧，不张扬、不招惹，却能稳中求胜，最终获得更多的机会。

类似的智慧，也体现在一位叫詹姆斯的年轻人身上。他梦想进入著名的维斯卡亚机械公司工作，但由于学历一般和缺乏人脉，屡次求职失败。他并没有因此气馁，而是换了一个思路，主动申请做公司的无薪清洁工。这一举动看似卑微，实则为他积累了难得的观察机会。他在工作之余留心公司运作，暗中记录生产流程中存在的技术问题，并利用晚上时间设计改进方案。一年后，公司因产品质量问题陷入危机，损失严重。关键时刻，詹姆斯递上了自己的分析报告和优化设计，令董事会大为震撼。他不仅成功为公司解困，还被当场提拔为副总经理。他用自己的"愚拙"坚持，换来了事业的跃升。事实证明，这份"低姿态"的积累与思考，才是真正的高明之举。

从表面看，他只是一个勤恳的打扫工人，实际上却在默默筹划着自己的未来。他的成功，不是偶然的"好运"，而是建立在耐心观察、踏实行动与适时出击的基础之上。这样的例子，正是"大智若愚"的现实体现——表面上吃亏，实则深谋远虑；外在看似普通，内里却波澜壮阔。

真正聪明的人，从不急于显露自己，而是懂得隐藏自己的锋芒。

他们知道，时机未到时装傻是保护自己最好的方式；而一旦时机成熟，他们往往能以最稳健、最令人信服的方式出场。他们不怕别人低估自己，甚至乐于被人忽视，因为他们笃信实力终将被看见，价值必会被认可。与之相反，那些急于表现的小聪明者，可能在起初得到掌声，却终因耐不住寂寞、经不起风浪而迷失方向、跌入低谷。

"大智若愚"不仅是一种处世之道，更是一种内在的修养与格局。它要求我们不被眼前的喧嚣所惑，不因一时的冷遇而妄自菲薄，而是以长远的眼光审视自我，用持续的积累塑造实力。人生的道路不会一帆风顺，但只要守得住初心、藏得住锋芒、扛得住寂寞、耐得住打磨，总有一天，属于你的成功时刻会在沉默中闪耀，在不声不响中崭露光芒。这，才是真正的"大智慧"。

智慧道理

大智若愚，是一种智慧的选择。那些外表"糊涂"的人，实则心明如镜。他们懂得隐忍和布局，以退为进，反而能笑到最后。比起一时的机敏与尖锐，这种稳中求胜的智慧更能在复杂社会中站稳脚跟，赢得真正的尊重与成功。

内心清楚，表面糊涂

郑板桥有言："难得糊涂。"这句话道出了人生处世的大智慧。表面糊涂并不是真糊涂，而是内心明白、外表含蓄，是一种深藏不露的智慧。这种"装糊涂"，实为以静制动、以退为进，是处世之道中的上乘策略。在人情世故纷繁的现实中，很多时候懂得装傻、会装傻，才是真正聪明人的表现。难得糊涂，不是糊涂，而是明白一切却不急于揭破，不逞口舌之快、不显聪明之能，而是在保全自身的同时，也给别人留有余地。

所谓"难得糊涂"，并不是一味退让，也不是软弱无能，而是在小事上不较真，在大事上不失分寸。这样的人不露锋芒，心中有数却不争一时之利，反倒在纷繁人世中保全自身，赢得尊重，步步进益。他们对人不苛求，对事不苛责，更不会因为一时一事的对错而影响格局和判断。其实，在很多时候，一味追求"明白"与"对错"的人，往往容易陷入计较和纠缠之中，而真正睿智的人，却懂得以退为进、以静制动，以糊涂的方式成就自己的从容与沉稳。

历史上的纪晓岚，便是这类"大智若愚"的代表人物。他才思敏捷、品行端正，不仅深受皇帝赏识，还常担任会试主考官。尽管每一次考试他都格外小心，但终究难防意外。有一年他再次担任会试正考官，不料考场榜单提前泄露。这原本应是最高机密，结果却被传得满城风雨。人们纷纷议论说："未榜先知，必有黑幕。"各种猜测和非议接踵而来，科场公信力面临挑战。

按照当时律例，泄密属重罪，查实后不仅主考官难辞其咎，其他相关官员也会被连带问责。在这极端敏感的时刻，纪晓岚没有推卸责任，也没有忙着辩解，而是召集同僚共商对策。他冷静分析后，主动提出将责任一力承担。当皇帝嘉庆召见他询问缘由时，纪晓岚坦然答道："是臣之过。"嘉庆震惊之余追问原因，他却淡然解释："老臣因欣赏佳作，不觉吟咏于口，恐在与友谈话时有意外流出。"一番看似"愚钝"的自责，实则智慧深藏——既保护了同僚，又让皇帝顺势收手。嘉庆帝洞察其心意，体会到他此举的良苦用心，于是决定不再追究。风波因此平息，纪晓岚也未受处分，反而赢得更多敬重。其看似"糊涂"的举动，实是大智若愚的体现。

这种"装糊涂"，其实是在关键时刻的深思熟虑。在事态无法厘清、真相难以查实时，主动揽责，恰是最稳妥的应对方式。既能平息风波，也不留隐患，更显格局与担当。糊涂是一种战略性沉默，是一种暂避锋芒、避实就虚的选择。与此相对的，是那些急于洗清自己、将责任推诿他人者，往往反而显得心虚、失态，甚至激化事态。而纪晓岚之所以能化险为夷，恰是因为他懂得"大智若愚"的真义：不是退缩，而是以退为进；不是懦弱，而是胸有成竹。

类似的智慧也存在于普通人的日常生活中。真正的聪明人，常常愿意让自己看起来"愚"，而那些急于展现自己的聪明、处处占人便宜的人，反倒容易被人识破和疏远。很多时候，看似吃亏的人，其实在积蓄力量；看似沉默的人，其实在默默布局。

这些例子告诉我们：适当表现"糊涂"并非不明事理，而是懂得在什么时候该退一步、收锋芒、留余地。尤其是在复杂人事中，不争强斗胜，反而显得更沉稳、更有气度。真正的聪明不是急于一时之功，而是能够在局势未明时保持冷静，在风浪过后仍能屹立不倒。人若处处逞强，易树敌；若时时显能，易遭忌。与其事事争辩，不如在大是大非面前清醒，在小事纷争中示弱。

在纷繁的人际中，把锋芒藏于拙厚，把清明藏于糊涂，才是长久之道。守住一颗"难得糊涂"的心，才能在喧嚣中独处于静，在纷争中立于不败。不为一时得失而困，不因他人眼光而乱，明理而不争理，识透而不挑透，于无声中显大度，于糊涂中藏精明，这样的人，才是真正走得远、站得稳的智者。

智慧道理

"内心清楚，表面糊涂"，是一种通透的处世之道。它不意味着放弃原则，而是懂得在复杂局势中保持格局与弹性。当你心明如镜却甘愿装糊涂，便能左右逢源，进退自如，真正立于不败之地。

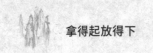

巧妙地装傻是精明

《红楼梦》中的薛宝钗深谙处世之道。元春省亲设灯谜，黛玉、湘云轻松猜中后露出不屑，而宝钗虽也知晓答案，却故作难猜、反复推敲。她的"装愚守拙"与"女子无才便是德"的家训相契，实则是一种识时务的策略，"借力而行"，令人叹服。她并非不聪明，恰恰相反，是极聪明的女子，却从不锋芒毕露，而是以温婉、含蓄的方式融入贾府众人之间，不争宠、不张扬，却始终在稳步累积人望与地位。

类似的"装傻智慧"也出现在金庸的《射雕英雄传》中。郭靖并非靠智谋取胜，而是凭一份"傻劲"打动了无数善良的人心。江南七怪甘心教导，全真教道长远赴千里指点功法，九阴真经、降龙十八掌等无不归他所得。看似木讷的他，反因"无威胁感"获得众多助力，最终成长为一代英雄。郭靖之所以能走上巅峰，很大一部分原因在于他不争、不抢、不露锋芒，却以忠厚诚恳换来了他人的倾心相助。他的"傻"是一种本能的善良，也是一种无意识的避锋策略。

装傻，是一种隐藏锋芒的生存智慧。聪明外露，容易被视为威胁；而懂得示弱，则更易赢得信任。真正的智者，懂得适时退让、收敛锋芒。刘备就是此道的高手。刘备在投靠曹操后，并未展露其雄心，而是每日种菜、示人以无欲无求之态。一次，曹操邀刘备饮酒，谈论天下英雄。刘备避而不答，曹操却直接点出："今天下英雄，惟使君与操耳。"刘备顿觉惊恐，手中匙箸（即勺子与筷子）掉落，他巧借雷声掩饰紧张，避过一劫。这一场"装傻"的演出，不仅成功降低曹操的警觉，也为自己日后发展赢得喘息之机。

刘备明明是英雄，却能低调示人；明明具备谋略，却选择沉默。其种菜、其惶恐、其"吓掉筷子"的举动，皆是策略，是将自身置于"非威胁"的一面。这种"藏巧于拙"的姿态，是智慧的体现，更是保护自身的有效方式。在曹操疑心重、杀伐果断的权力斗争中，唯有此种以柔克刚、以退为进的策略，方可自保乃至图强。

现实中，太过锋芒毕露，容易引发嫉妒与防范，而略显迟钝，却能避免无谓的对抗。越聪明的人，越需要学会"示弱"。有时，刻意"装傻"，反倒更有利于发展与合作。许多社交场合中，那些总是高谈阔论、逢人便显摆能力的人，虽一时引人注意，却也容易让人心生戒备。而那些沉稳内敛、懂得倾听的人，往往更容易赢得真正的信任与支持。

古人说"藏巧于拙，用晦而明"，说的正是这种外愚内智的处世艺术。装傻不是愚蠢，而是深知世事复杂、人性多变，因此选择以"退"为"进"。这并不是懦弱或无能的表现，而是一种主动克制的结果。很多时候，一味争锋，反而让自己陷入不必要的纷争之中。而学会"装傻"，则可以巧妙避开风头，在合适时机再展锋芒。

《菜根谭》有言："鹰立如睡，虎行似病。"强者在行动前往往示弱，以静制动、避其锋芒。古人更有"扮猪吃虎"之计，以弱示敌、麻痹对方，待时而动，一击制胜。看似懒散，实则蓄势待发；看似迟钝，实则韬光养晦。这些都不是逃避，而是一种睿智的预谋和沉潜。

装傻，也是一种表演艺术。无论是装疯卖傻，还是装聋作哑，核心在于遮蔽真实意图，让人误判。要演得像、骗得真，靠的不只是技巧，更需要沉稳与自信。这种艺术的根基在于对人性的理解与社会节奏的把握，是以"糊涂"掩盖"明白"，以"退让"换取"主动"。

"良贾深藏若虚，君子盛德容貌若愚。"这是老子对孔子的告诫。

意思是，有智慧、有德行的人，并不急于显摆，相反，他们更擅长隐藏锋芒。因为炫耀虽易取一时之利，却难赢长远之势。人生如棋，不可一味抢先落子。藏锋守拙，既是自我保护，也是战略布局。唯有把聪明收起，把能力蓄积，才能在关键之时、重要之局，一招制胜，不鸣则已，一鸣惊人。

智慧道理

真正的智慧，是不炫耀、不争强。无论性格如何，人们总更愿接近看似"无威胁"的人。装傻，是一种保护自己、减少对抗的方式，更是一种策略性的伪装。只有真正聪明的人，才敢于"示拙"，真正强大的人，才懂得"藏锋"。所谓大智若愚，说的就是这种智慧——让聪明不显，让锋芒内敛，以柔克刚，以静制动。

深藏不露，提防小人的"变脸术"

在现代社会，几乎每个环境中都可能存在小人。他们善于伪装、嘴甜心狠，最擅长的就是"变脸术"。因此，无论何时都要有所防备，对那些过分热情、言语动听之人，切不可轻信。有个寓言形象说明了这一点：一只蝎子请求青蛙背它渡水，信誓旦旦不会蜇人，理由是"蜇了你我也会沉下去"。青蛙勉强相信，将它驮过池塘。却没想到刚到中途，蝎子还是蜇了青蛙。理由很简单："我必须这么做，因为我是蝎子。"本性难移，小人亦然。他们的伪装可能暂时迷惑人，但终究会在关键时刻暴露出真实面目，令人防不胜防。

正因如此，历史上的许多英雄人物，最忌惮的不是敌人，而是身边的小人。小人的"暗箭"往往比敌军的"明枪"更难防。正所谓"宁得罪君子，莫得罪小人"，一旦被招惹，他们便可能怀恨在心，伺机报复。他们擅长背后使绊、歪曲事实、制造谣言，甚至用伪善的面孔获取你的信任后再转身背叛。这类人并非无能，而是把心思花在了人际倾轧上，其危害不亚于有组织的对抗。他们常通过迎合和投机来谋取私利，善于察言观色，一旦发现你有所倚赖，便会利用这种"关系"进行操控和勒索。

古语说，"君子谋事不谋人，小人谋人不谋事"，这就是本质上的差异。君子专注于事业，小人则将心思花在打压他人上。他们虚伪善变、搬弄是非，最擅长在你顺境时献媚，在你失意时落井下石。甚至有些人表面正气凛然，实则心怀叵测。他们往往善于隐藏真实动机，在不知不觉中破坏你的名誉、削弱你的力量，等你反应过来时，局势已然对你不利。面对这样的人，光靠道德说教远远不够，因为道德是用来律己的工具，对心术不正的人起不了作用。正如俗话所言："一勺污水倒进一桶酒里，整桶酒就坏了。"这说明，坏人对环境的破坏速度与广度远远超过好人建设的进程，因此必须从源头防范，避免给小人可乘之机。

刘伯温在《郁离子》中讲述了"黑豹润毛"的故事。幼豹为美化皮毛绝食七日，终换得华丽斑纹，却因此暴露身份、招致猎杀。玉石藏于山谷可安然无恙，香桂虽外表平凡，却因香味引人斫伐。鹦鹉因能学舌而受拘，蝉因善鸣而被捕，反倒臭椿与苦瓜因不具吸引力而得以自保。这个寓言展示的道理深刻地提醒我们：锋芒太露，易成靶子；光芒内敛，方能安然。一个人若太过显摆，过于炫耀，难免遭来嫉妒与中伤；相反，那些懂得藏拙守静的人，才能在纷扰中求得安稳。

古人曾说："欲人不知，莫若不言；欲人不觉，莫若不露。"真正聪明的人懂得低调内敛，不以一时之光芒博取虚名，而是选择深藏不露，稳中求进。懂得把握分寸的人，既能识人避祸，也能在风波中自保。而那些动辄高调宣扬自己、急于求成者，往往成为别有用心者攻击的目标。沉潜之人虽不张扬，但往往能厚积薄发，一旦出手便是稳准狠；而轻浮者虽然一时光鲜，却容易在风浪中迷失方向，最终被淘汰出局。

历史中的小人常"当面一套，背后一刀"，他们见风使舵、趋炎附势。你顺利时，他们百般讨好；你落魄时，他们冷眼旁观，甚至补刀落井下石。袁世凯就是典型的"变脸高手"，为邀功请赏不择手段，口蜜腹剑，令无数人深受其害。这样的例子古今皆有，说明识人之难远胜于处事之难。真正的陷阱，往往不是来自敌对者的直接攻击，而是亲近者的伪装与背叛。因此，识人、识心、识术，是处世的根本功课。

尤其对身处领导岗位的人而言，更要提高警惕，警觉于"私交"背后的算计。首先，应确立正确的权力观，权力属于职责，不可被亲情和人情所左右。其次，所谓"朋友"若频频借机索取，其实是在觊觎你的权力资源。第三，更要守住原则，抵住金钱和美色的诱惑，真正的朋友不会诱你踩红线。领导者若因一时仁慈而误信小人，轻则声誉受损，重则前途尽毁。因此，在管理中要有分寸、有尺度，懂得辨别忠奸、识破伪装，才能真正立于不败之地。

小人或许会暂时顺风得势，但君子唯有保持清醒、自律和边界，方能守住底线，不被裹挟。真正值得深交的人，不是看你权位多高、资源多少，而是愿意在你守正不阿、洁身自好的路上支持你、提醒你的人。人生路漫漫，唯有谨慎择友，才能行稳致远；唯有远离小人，方得宁静安然。对于小人，我们既不能妄下论断，也不能轻信示好，最理性的方式就是保持距离，保持清醒，留有余地，不被牵着鼻子走。只有这样，才能在复杂的人际关系中游刃有余，在纷繁的社会环境中稳步前行。

智慧道理

人与人之间的友谊确实可贵，但"君子之交淡如水"，不应掺杂利益交换。一旦感情需要靠金钱维系，就变成了一场危险交易。那些以"朋友"之名行"算计"之实的关系，看似亲密，实则暗藏祸机。真正的朋友，应在你行使权力时，理解你的克制，守护你的清廉，帮你看清人性冷暖、趋利真假。提防小人，从来不是靠多疑，而是一种清醒的智慧。深藏不露，才能在复杂人际中全身而退。

淡泊名利，并非愚人

"名利"看似一对孪生体，却性格迥异。如今，追名逐利之人比比皆是，而淡泊名利者日益稀少。在很多人眼中，追求名利才是"现实"，淡泊反倒成了"愚钝"。但真正愚蠢的，往往是那些终日为名为利所累之人。名利就像一场看似璀璨却暗藏陷阱的盛宴，表面诱人，实则深不见底，稍有不慎便会迷失其中。尤其是在现代社会，各种价值观激烈碰撞，人们更容易将财富与幸福等同，将权力视为安全感的来源，从而在名利场上日益狂奔，渐失本心。

很多人表面上宣扬淡泊，内心却被名利所驱动。他们口中的"清心寡欲"不过是为欲望披上的外衣。真正的淡泊，不是口头上的修饰，而是一种内在的从容和平衡。那些言谈间标榜"无欲则刚"者，往往在利益面前立场动摇；而真正淡泊的人，却能在繁华处不迷失，于困境中不动摇。他们不因得而喜，不因失而忧，将人生的价值寄托于自我修为和精神成长之上，而非浮华名利。对名利看得越重，心越焦躁，生活也越沉重，常常为了蝇头小利而惶惶不可终日，反倒失去了生活的本真。

其实，"名"往往只是"利"的通道，真正让人动心的是"利"。"利"代表了资源、地位、自由与享受，是社会运转的动力。然而利无对错之分，它既能成就人，也能毁人。若心怀正念，利可为人所用；若动机不纯，利便成为枷锁。历史上不乏因"利"而乱政误国者，也有因"利"而造福社会者。利本无罪，关键在于人如何对待它。当

"利"成为衡量一切的唯一标准时，人便容易偏离方向，乃至为了一己私利不择手段，最终伤人又伤己。

淡泊，是一种觉醒。人生的纷扰，大多来源于对得失的执念。古今中外，多少英雄豪杰、贤人志士，为情为利而陷入纷争，甚至家破人亡。归根到底，是难以超脱名利的羁绊。一旦意识到这些外在之物皆为过眼云烟，真正能够带给内心长久满足的，往往是宁静、自律与精神的富足，便能放下对权势与金钱的执迷。淡泊的人不是没有梦想，而是懂得何为"可为"，何为"不可为"，他们更注重奋斗过程中的成长，而非结果的炫耀。

淡泊，是一种修为，也是一种智慧。它并不等同于避世，而是内心的豁达与宁静。淡泊使人心安、头脑清明，不计较一时的输赢，不陷于无谓的争斗。真正的淡泊之人，不一定脱俗清高，而是在纷繁红尘中依然能守住本心。他们面对纷扰不惊，身处盛世而能自持，即使身处高位也不以权势自傲，离开权位亦能心境安然。那些拥有淡泊之心的人，往往更具判断力与独立性，不为表象所惑，也不为他人所驱，能够在喧嚣中守住精神的宁静。

身处高位时要谦逊，离开权位也应坦然。人生不能只为名利奔波。那些所谓的朋友，在你有权有势时趋之若鹜，一旦你失势，便态度冷漠，甚至落井下石。对此无需怨恨，因为这正是名利社会的现实。唯有内心淡泊，方能处之泰然。那些一心追逐外界评价的人，最终往往被评价所困，而那些坚守本心、淡然处世者，反而能在自己的节奏中安然前行。真正的朋友，是在你无权无势时仍愿意相伴的人，而不是只在你春风得意时才来锦上添花的人。

深夜独处，静读一书，思绪涌动时，那份宁静的愉悦才是真正的幸福。你会发现，那些场面上的热闹应酬、权谋交易，在内心真正的世界里毫无价值。精神世界的丰盈，远比物质世界的繁盛更值得追求。名利是人性的一部分，难以根除。但我们可以选择如何对待它。既然如此，不如在未得之前学会淡然，在得之后保持从容。正如古语所言："君子爱财，取之有道""立德为先，聚财在后。"一个人若能用德行去驾驭权力和财富，则不惧其诱惑；否则，反受其害。

淡泊，不是庸碌的代名词，而是一种理性的生活方式。当你不再被名利牵引，才能真正活出自我、贴近本心。拥有淡泊的心境，才能笑对人生，宠辱不惊。那才是一个人真正的修养和境界。乾隆下江南时曾问金山寺的一位老僧："你看这江上来来往往多少船？"老和尚答："只有两只，一只为名，一只为利。"一句话道破世事纷繁的本质，世人所求所争，归根结底，不过名与利。既然如此，便需更加审慎地对待它们，避免为之所役。

现实中，很多人烦恼不断，归根结底，还是名利思想作祟。升职加薪、待遇调整、人际矛盾，无一不是围绕名利展开。由此可见，正确对待名利，是每个人都应思考的人生课题。面对名利，我们该如何应对？首先，要坚定信仰。失去精神信仰，就容易沉迷于眼前得失。一些人之所以日益功利，是因为远大理想的缺失。当信仰淡漠，眼前的利益便成了唯一的追求。其次，要学会不攀比。很多人对名利的执着，并不是物质的需要，而是出于与他人的比较所产生的心理落差。因此，工作中以高标准自勉，生活中以简朴为美，才能避免无谓的烦恼。再者，要控制物欲。名利之所以诱人，是因为它承载了太多欲望。当人被物欲绑架，便会陷入无休止的争夺中，甚至不惜违背原则。降低欲望，方能提升境界。

不是人人都能声名显赫，也并非人人都需追逐权位。平凡也可以精彩，淡泊才能自由。只有放下执念，才能看清生活的本质，才能真正体会人生的快乐。淡泊，不是冷漠避世，而是保持内心清明的能力；不是没有追求，而是懂得何为真正值得追求；不是无欲无求，而是能在欲望中自持，从容面对人生高低。当一个人真正做到淡泊名利，心中自有光明，不为外物所扰，也不为尘世所困，才能走得更高远、更踏实、更从容。

智慧道理

人生短暂，何必为名利而累。能以淡泊之心看待世事，处世从容、知足常乐者，才是真正的大智者。做到淡泊名利，日日是好日，处处皆风景。

第四章

放得下固执是变通

——给人生留有转弯的余地

万事皆有规则，做事必须遵循一定的准则。但遵守规则，并不意味着拘泥于条条框框、墨守成规。规则需要坚守，而如何在规则之下灵活应对、巧妙执行，则掌握在我们自己手中。

换个方向看人生

曾有这样一个故事。一位男子忧心忡忡地走在路上，遇到一位老人。老人问他为何不快乐，他答道："我太穷了，喜欢的姑娘不肯嫁我。"老人听后笑了："孩子，我有钱，我可以把钱给你。"男子惊喜不已，不停道谢。老人却说："我的钱来之不易，你要拿一样东西来交换。"男子一愣，"可我太穷了，拿什么换？"老人眨了眨眼："拿你的眼睛吧。"男子立即摇头："眼睛不能换，那样我就再也看不到阳光的美丽了。"老人接着说："那你的鼻子呢？"男子回答："那我就闻不到大自然的芬芳了。"老人再问："耳朵可以吗？"男子斩钉截铁地拒绝："不行，没有耳朵，我就听不到鸟鸣与欢笑。"老人继续说："好，那用你的健康来换？"男子更坚定地说："更不行，没有健康，我就无法享受人生，也无法追求爱情。"老人微笑着问："那四肢呢？"男子答道："没有四肢我就无法生活、工作、养活自己。"老人笑着点头："孩子，你看你拥有这么多宝贵的东西，还怕得不到财富与爱情吗？你根本不缺少财富，缺的只是换个角度看待人生的眼光。"男子恍然大悟，向老人鞠了一躬，离开时步伐已轻快许多。

这个故事像一面镜子，映照出许多人真实的生活状态。我们常常盯着自己缺少的部分，却忽略了已拥有的巨大财富。现实中，不少人总觉得自己一无所有，生活不如意，理想难实现。但若能放慢脚步、静心自省，会发现其实自己早已拥有许多宝贵的资源，只是视角不同，结果也便不同。没有巨额资产，但你拥有健康；没有豪车别墅，但你有勤劳的双手和自由行走的能力；伴侣不够浪漫，但在你最落魄、最疲惫的时候依旧不离不弃；孩子成绩不突出，但他阳光乐观、心地善良；工资不高，但胜在稳定；公司不大，却有学习成长和晋升的空间。这些看似平凡的事物，其实就是你人生中不可多得的财富，是别人穷尽一生都未必能得到的幸福。

人的思维方式决定了他对生活的认知和态度。如果你总盯着不如意之处，自然会心生烦闷和焦虑。但若能转换角度，从所拥有的角度看问题，心情就会截然不同。心理学家研究发现，人脑有选择性关注的特性，我们更容易记住和放大那些负面经验，而忽视积极因素。而这正是许多人郁郁寡欢的根源——我们总盯着阴影，却忘了头顶还有阳光。幸福感并不是取决于你拥有什么，而是你如何看待所拥有的一切。

曾有一位地质系学生罗伯特，与朋友探洞时发现一个巨大岩洞。他们深入洞穴数百米，在返回途中却惊恐地发现，由于湿气凝结，原本能攀爬回去的绳索变得湿滑无比，难以借力上升。更糟糕的是，他们未提前告知他人行踪，手机信号也在洞中失效，陷入求救无门的绝境。最初的几小时，他们轮流尝试原路爬绳，结果均告失败。绝望逐渐笼罩，直到电筒电量即将耗尽时，罗伯特下意识地关闭了光源，希望延长一些时间。但在一片漆黑中，他们惊讶地发现，洞内的某些腐木竟发出磷光。他们意识到，那些原本以为毫无用途的真菌附着物，实际上可以指引他们判断岩壁纹路的方向。最终，他们用真菌光线辅助判断出绳索松紧，在绳上用脚打环形成临时"梯级"，才终于脱离险境。罗伯特事后回忆说："我们被困的真正原因，并非无路可走，而是因为我们最初只坚持用'常规方式'思考，从未设想过可以利用身边的一切。"

这个故事对我们的启示非常深刻。许多看似无解的困境，往往不是因为没有出路，而是我们被固有思维限制了可能性。就像在黑暗洞穴中闭着眼寻找光源，我们往往忽视了近在咫尺的转机。生活中的"洞穴"也无处不在：职场瓶颈、情感挫折、经济困顿、家庭琐事……每一个困难都是对我们认知的挑战。当你遇到无法逾越的障碍时，尝试退后一步，从另一个角度重新审视，也许就能发现新的路径，就像转身后看到的门，原来一直就在那儿。

人最宝贵的能力之一，就是调整认知的能力。不是所有事物都能改变，但我们可以改变看待它们的方式。当你能看到苦难中的价值、困境中的机会、失败中的教训时，生活就不再是一个不断克服的过程，而是一段不断成长和丰富的旅程。生活中没有真正的"穷"，只有一时看不到路。一个具备反思能力和积极视角的人，即使暂时处境不利，也能看到希望的微光，并最终走出低谷。

换个角度看人生，并不需要惊天动地的顿悟，只需一颗愿意觉察的心和一点点改变的勇气。当你学会从失败中看到经验、从平凡中感受美好、从压力中提炼成长，你会发现，原来人生没有那么糟糕，生活并不荒凉。很多时候，真正阻碍我们前进的，不是外部环境，而是内心对"局限"的默认。只要你愿意跳出思维的"牢笼"，生活中的风景便会重新变得清晰美好。

所以，无论处在人生的哪个阶段，面对怎样的处境，都别轻易断言"无望"。也许转一个念、换一个方向，就能点亮心中一盏灯。阳光一直都在，只是你有没有抬头去看；希望从不缺席，只是你是否愿意相信。正如那位老人所说：你并不贫穷，你只是暂时忘了自己拥有什么。

智慧道理

正如莎士比亚所说："一千个观众眼中有一千个哈姆雷特。"人生的差异，往往就在于看待问题的角度不同。以乐观、宽容的心态去面对生活，世界自然充满祥和与美好。换个方向看人生，你会发现，一切其实并没有那么糟。

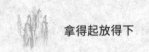

人在屋檐下，不得不低头

俗话说："人在屋檐下，不得不低头。"意思是在强势力量面前，个体往往需要暂时退让、低姿态以求自保。而"屋檐"象征的是别人的权势或掌控。人生在世，并非时时都能昂首挺胸、直面风雨，有时也需要识时务地低头，这种低头并非屈服，而是保全自己、伺机而动的一种智慧与策略。

人在屋檐下低头，并非懦弱，恰恰是一种理智和远见。低头可以避免硬碰硬带来的伤害，规避无谓的冲突与损耗；也可以在风头过后保存元气，继续前行。更重要的是，低头往往也是一种观察与反思的过程，在蛰伏中积蓄力量，为日后反弹和超越打下基础。懂得低头的人，往往能够转危为安，甚至在看似被动中实现主动，最终"由客变主"，反败为胜。

历史上有许多这样的例子。清朝权宦李莲英深得慈禧太后宠信，权势滔天，一言可定人生死。而直隶总督兼北洋大臣李鸿章曾因资历显赫、军政功勋卓著而不屑李莲英，对这位"九千岁"态度冷淡，甚至多次在公开场合未予理睬。李莲英虽然权重一时，却并未当场发难，而是暗中设局，巧妙报复。当时慈禧有意修缮清漪园，却苦于银两匮乏，李莲英便建议李鸿章承办此事。李鸿章一心想借机讨好慈禧，便应承下来，积极筹措资金并献策修缮图纸。李莲英先是赞赏鼓励，随后安排李鸿章单独入园踏勘，又在光绪帝心情不稳时，上奏其"擅入皇家禁地"，激起皇帝怒火，命其"申饬"。

"申饬"即当众宣读训诫圣旨，被训者必须跪听，不能辩解，还要谢恩，实为极具羞辱性的惩罚。许多官员受此打击，郁郁而终。李鸿章察觉风头不对，立即送上重礼以平息怒火，避开了当众辱骂的羞辱，才得以全身而退。从此以后，李鸿章在李莲英面前再不敢有所轻视，态度恭敬如对上君，避免再度招致祸患。这一退，虽损面子，却保住了命脉，也为日后重整旗鼓赢得空间。

另一则史实更能说明"低头"的分寸之要。清末邮传部尚书张百熙与侍郎唐绍仪因公误会，争执不断，双方互相上奏弹劾，结果被朝廷同时申饬。唐绍仪早有准备，提前送礼打点，仅受轻责；而张百熙清高自持，未行贿，结果在申饬仪式上被太监肆意辱骂，当场气愤发作，不久便病重而亡。另有一名叫刘延琛的官员，面临申饬时因筹措不力，仅送 200 两银子，结果只被"半价半骂"，虽受辱却保命。这些历史片段虽荒诞却真实地揭示出一个道理：人在高压之下，若不识时务、不懂进退，就极易陷入不必要的灾难；而恰当地低头，不仅是一种现实的适应，更是深藏锋芒的智慧。

其实，"低头"从来不意味着放弃尊严和理想。它不是盲目地迎合权势、委曲求全，而是一种策略性的收敛，是对局势清醒判断后的主动选择。真正的强者，不是每一次都要据理力争、奋力对抗，而是在明知不能胜时学会退让，在可以施力时精准出击。低头是忍耐，是蓄力，是从一时的隐忍中换取更大的成长和反击空间。

许多成功者的背后，都有过"低头"的经历。他们在不利的处境中不轻举妄动，表面示弱，内心却在默默筹划下一步的突围。他们明白，逞一时之强未必是赢，保存实力、积蓄资源、等待时机，才是真正的谋略。正如大树在风雨中低头，是为了不被连根拔起；人亦如此，有时弯下腰，是为了下一次更有力的站起。暂时的"低头"不仅避免了冲突，更为后续发展留下了弹性空间。

反观一些人，因一时之气，不肯低头，结果落得四面楚歌，失去调整与回旋的机会。在现实社会中，无论职场还是人际关系，懂得低头往往意味着高情商、高智慧。面对领导、上司、甚至误解者，保持适度的柔和与退让，不仅能化解矛盾，还能赢得他人的尊重。有些事，不是争赢了就是赢家，有时候，能看清对方的需求与底线、适时让步反而更能达成自己的目标。

　　当然，低头并不意味着永远低头。它只是一种阶段性的权宜之计，是战略上的退避。真正有智慧的人，懂得"以退为进"，在暂时妥协中保留主动权，在关键时刻重新出击，从而反败为胜。正如兵法所言："避实就虚，示弱藏锋"，看似被动，实则布阵；看似低头，实则抬头。最终的胜利，往往属于那些能屈能伸、懂得审时度势的人。

　　因此，当你觉得"人在屋檐下不得不低头"时，不妨换个角度理解这句话。这不是认输，而是暂时的隐忍；不是放弃，而是为日后的转机铺路。风再大也有停的时候，局势再强也有转圜的可能。低头，是为了更好地抬头。关键在于你是否有足够的智慧和定力，能在风暴中稳住脚步，在压迫中保存自己，在沉潜中悄然成长。当风雨过去，那些曾经低头的人，往往更有底气迎接曙光，更有能力主导属于自己的局面。

智慧道理

　　"人在屋檐下"，是人生常态。"不得不低头"不是无奈的妥协，而是主动的权变，是一种为自己争取时间与空间的智慧。当环境不利时，暂时低头是为了保存力量、等待转机。低头的目的，是把不利变为有利，把弱势转为主动。真正有智慧的人，知道何时挺身而出，也懂得什么时候需要低头隐忍。低头，是为了抬头时更有力量。

巧妙周旋于方寸之间

现实中，我们常常需要走进陌生环境，与非熟人打交道。如何在有限时间内迅速打开局面，找到合适的"突破口"，成了办事成功的关键。无论是业务洽谈、社交应酬，还是职场交流，初次接触的第一印象往往决定了后续的走向。而这种印象的建立，不仅靠谈吐与礼仪，更依赖于洞察力与情商。能否精准识别对方的兴趣点、情感倾向以及沟通风格，决定了交流的效率和质量。

小王第一次拜访人事局长家时，刚坐下便注意到他家老人胸前佩戴毛主席像章，便笑着说："老伯，这是从韶山带回来的吧？"老人眼前一亮，立刻滔滔不绝地讲述起自己在韶山的经历。老人儿媳也插话说："你只要跟他说毛主席，他可以讲几天几夜。"一句话，小王便打开了局面，迅速融入了家庭氛围。若他只是拘谨地寒暄，很可能场面尴尬，气氛冷淡。但正因为他抓住了老人所佩像章这个细节，敏锐捕捉兴趣点，轻巧抛出话题，成功建立起第一道信任屏障。

有时，直言不成，便需"委曲"或"隐晦"。委曲是绕过障碍，以虚掩实，设下可接受的"幌子"；隐晦则是掩藏真实意图，让对方不设防，放下戒心，从而达成目的。在不熟悉对方底牌时，贸然表达诉求往往适得其反，而借助曲线方式则能事半功倍。交际的核心不在于表达自己，而在于引导对方愿意接纳你。

一位推销员被派往印度完成一笔久未达成的军火交易。他提前给将军打电话，只说希望当面拜访一分钟，并未提合同。将军虽冷淡，仍勉强应允。见面后，将军直言："我很忙，请长话短说。"然而推销员却说道："感谢您对我们公司的坚决态度，今天能在我生日这天回到出生地，已是最大的幸运。"原来，他29年前出生于加尔各答，是法国驻印度代表之子。随即他娓娓道出童年在印度的幸福回忆，将军被唤起情感共鸣，主动邀请他共进午餐。途中，推销员拿出一张珍藏的老照片——他与父母和圣雄甘地的合影。照片唤起了将军对民族记忆的尊重与敬意，他当即拍板同意交易。

这位推销员的成功，在于充分了解对方背景，巧妙设计话题，引发共鸣。他一开始没有贸然谈合同、报价格、列清单，而是先激发了将军的情感共振，构建出一种"非防御性"的交际氛围。强行推销容易遭拒，情感沟通才是高效成交的前提。与人打交道，最重要的不是你说了什么，而是对方愿不愿意听、愿不愿意相信你。建立情感信任的过程，需要诚意，也需要技巧，而"隐晦"与"委曲"正是打开这个过程的钥匙。

在与陌生人打交道时，必须了解其性格、习惯与兴趣。对症下药，才能事半功倍。投其所好，易引发共鸣；投其所恶，则能引导情绪，从而掌握主动权。若遇性格直爽者，可正面交锋、快节奏切入；若对方保守冷静，则需迂回曲线、循序渐进；若其自尊心强，必须给足面子、侧面赞赏，才能打开心扉。这就需要我们在交往初期就保持高度警觉，通过细节察言观色，把握其情绪变化与反应特点，及时调整沟通方式。

人际沟通从不是单向表达，而是双向反馈。你说的每一句话、做的每一个动作，都在传递信号，也在接收回应。在一个完全陌生的环境里，只有先赢得理解与信任，后续的合作与推动才有可能发生。对方是否接纳你、愿意倾听你，往往不是因为你说得多么有理，而是因为你是否让他感到舒服、被尊重、有共鸣。

现代社会的沟通场景复杂多变，不同地域、不同文化、不同身份之间的交往频率加大，能否快速破冰、有效沟通，已成为衡量人际能力的重要标尺。而所谓的"情商"，其实就是在交往中能否敏锐察觉细节、适时调整策略、把握节奏方向的一种综合智慧。归根结底，陌生感不是问题，关键在于你是否具备从陌生到熟悉的破局能力。

面对初次接触的对象，不妨从一个简单的话题开始，从一个不起眼的细节入手，或许就能发现通往对方心灵的入口。一次成功的交流往往不是偶然，而是有所准备的"无心之举"。当你懂得用观察替代判断、用共鸣替代说服、用曲线替代直线，你会发现，人际交往其实并不难，而真正的突破口，往往就在你身边。

智慧道理

各行各业的成功人士都有其关键资源。在与其周旋之际，若能巧妙寻找切入点，建立良性关系，将对你的人生、事业带来难以估量的助力。掌握沟通的艺术，在关键时刻做到"投其所好、因人施策"，就是迈向成功的智慧通道。

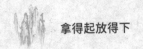

刚柔并济，避免不利

有这样一则寓言。太阳和风争论谁更有力量，风说："我能让那位穿大衣的老人脱掉大衣。"于是它开始猛烈地吹风，试图用强劲的气流将老人的衣服吹掉。结果老人感到寒冷，反而将衣服裹得更紧，生怕被冷风侵袭。风越吹越猛，老人却始终没有脱衣。最终，风筋疲力尽，无奈退去。太阳慢慢地照耀大地，温暖的阳光洒在老人身上，他逐渐感到炙热，便主动脱下了大衣。太阳轻声说道："温和与善意，往往胜于强硬与怒气。"

这个寓言告诉我们：强硬不一定能解决问题，反而激发对抗；而温和和善意，却能不动声色地达成目的。刚柔并济，才是真正的力量。

刚柔并济，即软硬兼施，是处理事务中极高明的策略。中国传统智慧早已深谙此道，《左转》中的吕甥在面对秦晋谈判时的表现，正是这一原则的典范。当时，秦穆公大败晋军并俘虏晋惠公。三个月后，秦国愿意和谈，晋国派遣吕甥前往交涉。吕甥深知，自己每一句话都关乎国君的安危，必须步步为营、寸言不差。

秦穆公试探性地问："晋国人团结吗？"吕甥竟回答："不团结。"这看似否定本国的回应，实则隐藏着策略。他话中包含两层意思：一方面表明晋国百姓因国君被俘而愤怒，誓言复仇，暗藏"硬"的威胁；另一方面，又表达出晋国朝臣对秦国仁义的信任和感激，是"软"的情感铺垫。这种看似矛盾实则互补的回应，让秦穆公进退两难，不知是硬碰更险，还是顺势从宽。

紧接着，秦穆公问晋人如何评价国君，吕甥再施一计："小人们恐惧您不会放人，君子们相信您一定放人。"他将"君子"与"小人"区分开来，巧妙地引导秦穆公选择被人尊为"君子"的道义形象。此言不仅保住了面子，还激起了秦穆公展示仁义的愿望。最终，秦穆公顺势释放晋惠公，晋国化险为夷。吕甥以柔中带刚、刚中有柔的策略，在劣势谈判中取得关键胜利，展现了语言的艺术与策略的高明。

这类策略在现实生活中同样适用。不论是家庭沟通、商务谈判，还是职场博弈中，刚柔并济往往能带来更理想的结果。关键不在于是否"硬"或"软"，而在于何时"硬"、何处"软"，并能因势利导、灵活调整。可先硬后软，树立底线后展示善意；也可先软后硬，稳住情绪再坚定立场。刚与柔并非对立，而是应互为补充、相辅相成。

某报社的一位财经记者就巧妙运用了这一原则，成功采访了一个一向低调且拒绝媒体接触的地产大佬。这位企业家久居幕后，对记者避而不见，多次婉拒采访请求。为了打破僵局，报社悬赏6000元奖金激励记者突破。起初，该记者几番尝试均遭冷遇，电话被拒、门被挡，毫无进展。后来，他了解到这位老板每周都会独自前往已故夫人的墓地祭扫，便决定以此为契机。

记者注意到自己的奶奶也葬在同一墓园，于是静静守候时机。当老板再次出现时，记者并未贸然上前，而是站在其夫人墓前默哀。老板见一年轻人驻足良久，感到诧异，上前询问。记者微笑回应："天下的母亲都是一样的。她照片的眼神让我想起了我奶奶。"这一句话不带任何功利意味，却直击情感深处，让对方瞬间卸下防备。两人随即攀谈甚欢，一同返回市区并共进晚餐。

后来，记者撰写了一篇以情感为核心的访谈文章，并在刊发前交由老板审阅。老板深为感动，不仅允许公开发表，还主动邀请报社展开长期合作。从一个无法接触的拒访者，到一位亲近可信的合作伙伴，记者用柔性的情感表达打破了原有的冷漠防线，印证了"刚硬不通，则以柔克之"的人际交往智慧。

这个故事说明，单靠"硬攻"无用时，善用柔术反而可以打开局面。刚柔并济并不仅是一种处事技巧，更是一种深入人心的处世哲学。真正有智慧的人，不拘一格地使用刚与柔，而是以人为本、察言观色、随机应变。在现实的复杂环境中，盲目强硬容易激化矛盾，过度退让则显得软弱无力。唯有刚中带柔、柔中有刚，才能在看似无解的局面中，找到化解之道，赢得人心，达成目标。

智慧道理

刚者，强而易断；柔者，韧而持久。做事一味逞强，未必能破局；适时退让、巧妙转圜，反能转危为安。刚柔并济，方能在处事中游刃有余、攻守自如，达成理想的结果。

凡事不钻牛角尖

无论在生活还是工作中，都要学会不钻牛角尖。因为总是纠结细节、执拗于一隅的人，容易让自己承受多余的压力。而与之相对的，是那些懂得变通、灵活应对的人。

诺贝尔奖得主波林曾说："一个好的研究者要懂得哪些构想值得坚持，哪些应当舍弃。"当目标无法实现时，不妨及时转向，寻找新的突破，反而更可能获得成功。

石油大王洛克菲勒年轻时，曾任职于一家石油公司的巡视员，负责监督罐盖的自动焊接。工作简单枯燥，他一度想辞职，但由于缺乏学历和技能，只得继续坚持。他逐渐调整心态，并从中发现问题：每次焊接剂滴落 39 滴是否可以减少？经过试验，他研制出"37 滴型"焊接机，虽节省了材料，但不实用。最终他优化为"38 滴型"，在保证质量的同时成功节约成本。这一改进为公司每年节省了 5 亿美元。

这个故事说明：遇到难题时，固执坚持未必有益，换个思路，另辟蹊径，或许更能破局。

正所谓："穷则变，变则通。"当走投无路时，换种方式思考，或许就是新起点。有时甚至要否定过去的自己，从头出发，发现新的潜力与方向。凡事想不开的人，常常在细节上反复纠结；而看得开、放得下的人，总能快速调整状态，投入下一件更有价值的事情。前者被琐事缠绕，后者能高效前行。

事实上，生活中总会有不如意。情感挫折、经济困境、家庭矛

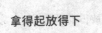

盾……甚至一场失眠、一次购物受气都可能让人烦闷。即便逃到天涯海角，也难逃生活烦忧。真正的解脱之法，是调整心态、学会应对。

只有那些豁达开朗、遇事能转念的人，才能从阴霾中走出，迎来晴空万里。正如诗人所说："思想可以让天堂变地狱，也能让地狱变天堂。"遇事看得开，情绪就能得以掌控，心态自然更轻盈自在。

想不开时，哪怕小事也会被放大；而看得开，就没有过不去的坎、迈不过的沟。思路一变，心境也会豁然开朗。不为一时得失所困，不因一件小事郁结于心，就是一种成熟的处世态度。此外，学会降低欲望、调整期望，也有助于想得开。欲望过强，易陷执念；期望过高，则容易失望。凡事适可而止、量力而行，是一种生活智慧。

面对失败与不顺，若能退一步看问题，往往能化解困境。古语说"既来之，则安之"，接纳现实，沉下心来做应做之事，比苦苦执念、反复懊恼要有价值得多。同时，也要善于从自身找原因。很多问题源于我们自己，不该一味将责任推向外部。一旦能直面自身的问题，反省并修正，心结也会慢慢解开。

智慧道理

人生不如意之事十有八九。遇到难以解决的问题，与其陷入烦恼、苦思不得解，不如放下执念，想得开、看得远，做自己能做的事，享受生活中仍存在的美好。别在牛角尖里打转，以免困住自己。何苦为难自己，去解那解不开的死疙瘩呢？适时放手，就是一种智慧的选择。

灵活应变，及时弥补失误的语言

在社会交往中，谁都难免有失言的时候。有时是因为紧张，有时是因思维未及，其后果轻则贻笑大方，重则引发误会和争执。尤其在公众场合或正式交流中，一句话说错可能影响一个局面，伤害一段关系，甚至造成难以挽回的损失。那么，失言之后是否有补救的办法？答案是肯定的。只要方法得当、反应及时，完全可以化解尴尬，甚至转危为机，变被动为主动，化敌意为亲和，展现出良好的沟通能力和临场智慧。

历史与现实中不乏成功"补话"挽回局面的经典案例。比如，美国前总统里根一次访问巴西，在欢迎宴会上因旅途劳累而口误，说成了"访问玻利维亚"。按常理，这种错误在外交场合属于严重失礼。然而，里根听到提醒后立刻补了一句："抱歉，前不久刚访问了玻利维亚。"这简单的一句解释，既展现了他对过往行程的记忆，也巧妙化解了眼前的失误，赢得在场嘉宾的理解和微笑。这种从容的反应，不仅没有影响宾主情谊，反而增强了他亲民、风趣的公众形象。

相反，若面对失言慌乱、反应迟缓、解释笨拙，就可能加剧场面的尴尬。尤其是在人际沟通紧张、对方情绪敏感时，失言后若不能及时补救，就容易被误读甚至放大，引发不必要的冲突。因此，学会在失言后灵活应对、妥善补救，是一种不可或缺的语言修养。

以下是几种常见而实用的"补救技巧"，在不同语境下可灵活应用：

第一种是将错就错。即在说错话后不急于纠正，而是顺势延展、幽默转化，让语境自然过渡，反而起到意想不到的效果。例如，有人在婚宴上致辞时，不小心将新人比作"旧机器"，顿时全场沉默。但他灵机一动，马上补了一句："不过已经过了磨合期，现在运转更协调、更高效！"话音未落，哄堂大笑，气氛也随之缓和。这样的"顺错成巧"，不仅展示了机智，还赢得了好感。

第二种是移植法。即将失言归结为他人观点，从而化解直接冲突。比如说："刚才的说法，其实是我听别人讲的，不一定准确。我自己更倾向于……"这种方式通过"观点转移"，一方面避免了直接认错的尴尬，另一方面也提供了纠偏的空间，显得自然得体，容易被接受。

第三种是引申法。即不正面解释错误，而是顺势引申，让话题向正面的方向转化。比如说："我刚才的那句话，其实背后还可以这样理解……"这种方式适合在专业讨论或意见分歧中使用，通过拓展语境稀释焦点，避免与对方直接冲突，巧妙"化实为虚"。

第四种是词义别解。语言具有多义性，有时一句话说出口，在他人听来刺耳，但若能快速调整语境，对词语作"二次解释"，也能化解尴尬。一位姑娘曾称赞一位中年女演员穿旗袍时脱口而出"穿这件旗袍老多了"，意识到"老多了"有误，立即补充："真的，大街上穿这种旗袍的老多了，大家都觉得你穿上特别漂亮！"一句补话，不仅消除了误会，还反转为恰当的赞美，令人会心一笑。

第五种是半句道歉。有些场合不适合正式认错或全面承担责任，此时用含蓄的方式表达歉意，既传递了诚意，又保留了自尊。比如说："对不起，我刚才可能说得有些过……"或"我这人说话直，若刚才冒犯了，别见怪……"这种方式在朋友、同事间尤其适用，既能表达悔意，又避免矫情，往往更容易获得理解和体谅。

无论使用哪种技巧，都必须建立在一个前提上——发现失误要及时，补救要自然。如果反应迟缓、解释牵强，甚至掩盖推诿，不仅不能消除误会，反而可能让人认为你心虚敷衍，造成更大的信任危机。此外，语气与情绪也尤为关键。即使补话得体，若语气生硬、面无表情，也难以打动人心。恰当的笑容、温和的语调，往往比语言本身更能修补人际裂痕。

总之，失言不可怕，怕的是不知如何修复。善于发现问题、勇于承认不足、巧妙应对局面，是一个人情商与智慧的综合体现。现代社会节奏快、信息多，人际交往中失言在所难免。但若我们拥有灵活补救的能力，就能在一次又一次的语言波折中，积累经验，提升表达的成熟度与应变力，从而在人群中游刃有余、赢得尊重。

智慧道理

失言不可怕，可怕的是死撑不改或生硬掩饰。补救语言的关键是掌握分寸、反应迅速、说得巧妙，做到自然转化、合情合理、无懈可击。错话出口不可收回，但若能以恰当方式应对，就能化险为夷、转败为胜。掌握这种技巧，是语言表达的成熟，更是情商的体现。

留出回旋的余地

做饭放盐要适量，淡了能补救，咸了却难挽回。做人做事亦如此，凡事应留有余地，不宜做得太绝，否则容易陷入进退两难的境地。无论处事还是为人，留一点空间，哪怕只是一丝缝隙，也能让你在关键时刻有转圜、调整的余地。如同下棋，若处处逼死对方，自己也难有回路。职场中，得势时保持低调，才能在跌落时有人接住；有了名气，也别太招摇，否则容易惹祸上身。始终低头看看脚下，避开石头和陷阱，才是智慧之举。

"留余地"不仅是一种态度，也是一种策略。在工作中讲求"茶七饭八"，装瓶留空，器弦不宜绷太紧，这些看似细节，实则是"度"的体现。

在人际交往中也要掌握分寸。朋友、同事之间过于亲密，反而容易暴露缺点，激化矛盾。正所谓"满招损，谦受益"，懂得适时退让的人，往往能获得更长远的利益。凡事做满、说尽，都易激发"物极必反"的后果。社会复杂，情况多变，保留弹性，才不会因外部扰动而陷入困局。

鲁迅在《忽然想到》中写道："我于书的形式上有一种偏见，就是在开头和题目前后，总喜欢留些空白……"写文章时连文字也要留白，人说话做事更当如此。

有个寓言故事颇具启发意义：狼堵住洞口猎食，第一天羊从小洞逃走，它堵上小洞；第二天兔子从更小的洞跑了，它又继续封堵；第三天，老虎进洞，因无路可逃，狼反被吃掉。这就是不给别人留余地，最后也害了自己。

做人办事不应一味强硬，学会给自己留路，才不至于走投无路。俗话说："过头饭不吃，过头话不说。"无论是答应他人、拒绝请求、批评建议，都要掌握分寸。

林肯年轻时曾写文讽刺一名政客，引发对方挑战决斗，幸好被人劝阻，才得以脱身。这一经历让他明白了"言辞留余地"的重要，从此行事更加谨慎。

给别人留台阶，也是在给自己铺路。有时一场无意义的争执，只因为对方一句话说得太绝。一旦有人退一步，事态便可缓和，彼此仍能相安无事。做人若太精明、话说太满，只会让人敬而远之；适度留白，才是成熟之道。

世间没有绝对的黑与白，凡事皆有两面。要懂得把握灰色地带，不以偏概全，不封死可能性。三国时，诸葛亮七擒七纵收服孟获，每次都放他归山，最终赢得对方真心归附。若当初不留退路，恐怕难有后来的忠诚和安稳。

智慧道理

留有余地，看似细微，却往往关乎成败。不为他人留余地，就是不给自己留退路。做事不过头、说话不满口，才是真正的深谋远虑。多一分留白，便多一分从容。

第五章

放得下才能自省

——反躬自省和深思默想会充实我们的头脑

发生问题时，不要急于指责他人，先反思自己是否也有过失。多从自身查找原因，才能更快成长。相反，凡事一味责怪别人，不但无益，反而只会引来反感，得不偿失。

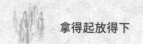

在指责他人之前，先检查自己的错误

在生活或工作中，有时候一遇到问题，有的人便脱口而出："都怪你！"他们习惯把责任推给别人，却很少反思自己是否也有过失。这样的习惯不仅阻碍成长，还容易伤害人际关系。

一位企业家曾说："我从不首先指责员工，我总认为他们出错，一定是我没做好榜样。"能自我检查，是一个人成熟、进步的表现。那么，如何养成自我检查的习惯呢？

首先，学会花时间冷静审视自身，将自我检查内化为一种日常意识。其次，清楚自己的长处与短板，才有的放矢地提升自己。可惜的是，真正能坚持反思的人少之又少。我们常等到问题严重、局势失控，才开始追责。其实，每天哪怕十分钟自省，也能收获良多。

夏利是某电脑厂的车间主管，年纪轻轻却处处感到压抑——与同事关系紧张，他总觉得是别人难相处。后来，领导提醒他："若总把错归咎于别人，就永远无法改善关系。"他听从建议，尝试先反省自身。一个星期后，他主动向同事道歉，并改变沟通方式，很快就与团队融洽相处。他感叹："原来症结在自己！"从此，他养成了自省的习惯，并影响着身边的人。

自我检查的本质，是对自身的深度了解，是发现问题、改正错误的基础。了解自己，才能扬长避短，工作顺利、人际和谐，人生也更有信心。

想全面发现自身不足不易，不妨请他人给予反馈。别人指出的问题，往往正是你未曾察觉之处。现代社会竞争激烈，只有不断完善自我，才能立于不败。试着每天否定一点自己，找出不足，借鉴他人优点，克服一个弱点，提升一个能力——你就向成功更进一步。不断吸收新知识、新观念，就是在为人生账户持续"充值"。

那么，如何学会自我检查，不断完善自我？

（1）勇于承担责任

身为管理者，应主动为下属的错误承担责任。把所有问题都推给别人，只会失去团队的信任与支持。

（2）以身作则，不强人所难

自己做不到的事，不该强求他人。领导者首先要做得比别人更好，才有资格提出要求。

（3）带头去做，而非只会命令

在问题面前，只说不做者很难令人信服。只有带头行动，才能赢得尊重与效仿。

（4）工作做到最好

工作质量决定了你的权威。做得比别人好，别人就不会轻易将责任推给你。

（5）控制情绪，理性沟通

情绪失控只会加剧问题。先冷静三分钟，思考问题原因与解决方案，再做表达和决策。

智慧道理

"指责别人之前，先检查自己。"这不是一句简单的口号，而是成就更高层次自我管理的起点。真正优秀的人，永远先从自己身上找原因。他们用行动代替抱怨，用反省促进成长。在不断自我修正中，你就已走在成为卓越管理者的路上。

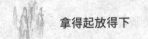

反省是人生的助推器

反省，是人类自我成长的一项本能能力。所谓反省，就是对自身的言行进行深入的思考与自我检视，从中发现问题，修正方向。它不仅能帮助我们意识到行为上的偏差，更能指引我们不断完善自我、修正人生航道。可以说，反省是一种看不见却极其有力的人生助推器——让我们做人更通达，事业更顺遂，生活更幸福。

夏朝时，伯启率军抵抗有扈氏的叛乱却遭失败。部下主张再战，伯启却冷静反思："兵力、地势都不输他们却战败，一定是我的德行不及。"自此他简朴治军、敬才重德。一年后，有扈氏不战而降。

这一历史故事说明：失败不可怕，可怕的是从不反思。一个人若能在挫败中找出自身问题，并及时调整，就已经走在成功的路上了。

古人云："吾日三省吾身。"历史上有名的周公、孔子、越王勾践……无不以反省作为修身的日课。反省的过程，本身就是一种学习，是认知自我、改正错误、不断前行的基础。

犹太民族有着周末集体反省的传统，也正因如此，这个曾被战争摧残的民族，才能在废墟中迅速崛起，成为全球最善于经商、科技领先的群体之一。"反省"在其中发挥了不容忽视的力量。

古人说："金无足赤，人无完人。"我们每个人都有缺点，但可怕的不是犯错，而是不愿自省。很多人只在问题爆发后才想到改变，而不是在顺境中预警未雨绸缪，结果小问题往往被拖成大祸。

反省，既是自我警觉的机制，也是前进的动力。它让我们在日常点滴中发现问题，在未酿成大错前及时修正。

美国通用电气前 CEO 杰克·韦尔奇即使日理万机，也坚持每周花一个晚上独处反思工作。他要思考自己哪里做得不够好，哪些决策不够理性，有无主观武断等。他说："每年只反省一次，就只有一次改错机会；每月反省一次，就有 12 次；如果每天反省，则有 300 多次提升的机会。"虽然他做不到每天反省，但他始终坚守每周一次的节奏。正是这种规律的自我审视，让他在风雨飘摇的商业世界中带领通用电气重获新生。他用行动告诉我们：花一点点时间自我反省，你走的每一步就更稳、更准。

那么，如何培养自己的反省意识呢？

（1）形成习惯，定期自查

哪怕每天只花几分钟回顾，长期坚持也能改变一个人。反省不是偶尔为之，而应是生活的一部分。

（2）正视优缺点，合理定位

准确了解自己，既要认清优势，也要直面不足。只有正确定位，才能更有效地改进。

（3）请他人指点，拓宽视角

旁观者往往看得更清楚。善于听取他人反馈，能帮助我们更全面地识别问题。

（4）不断学习，持续优化

找出问题之后，关键在于行动。学习别人的长处，借鉴经验，逐步提升自己。

在竞争激烈的时代里，只有那些善于自省、持续成长的人，才能稳步前行。

智慧道理

人生最大的敌人不是别人，而是自己；最值得依靠的力量，也来自自己。懂得反省，便是智慧的开始。只有经常审视内心、修正行为，才能在不断完善自我中抵达更高的境界。反省，真正是一剂推动人生向前的强力助推器。

勇于纠正自己的错误

在工作中，无论一个人多么聪明谨慎，都难免有犯错的时候。有时是因粗心疏忽，有时则因情绪波动或判断失误。犯错不可怕，关键是要勇于承认并及时纠正，从中吸取教训，才不会让错误酿成更大的后果。

很多人犯错后选择掩饰甚至推卸责任，认为可以蒙混过关。然而，事实证明，"纸终究包不住火"。一旦真相曝光，不仅会失去他人的信任，还可能承担更严重的后果。

某公司财务人员刘艳曾在做工资表时忘记扣除一位病假员工的工资。她发现问题后，与该员工沟通，希望下月扣回多发部分，对方因经济困难请求延期。按照公司规定，这需要向老板说明情况。但刘艳担心被追责，于是谎称是人事部门失误，还牵连同事。结果老板不仅识破谎言，更对她推卸责任的行为极度失望，直接让她辞职。

这说明：逃避错误或推卸责任只会让问题更复杂。错误不纠正，只会一错再错。

另一例是某商贸公司市场部经理马伟栋，他未经详细调查便批准了一笔大订单。后因对方公司不可靠，几近酿成巨大损失。马伟栋为逃责，将过失推给已离职的下属。结果不久后真相败露，他被公司免职。可见，用谎言遮掩失误，不仅不能保住职位，反而让信誉扫地。

当面对错误时，人们常有两种反应：一种是主动承认并改正；另一种是百般推脱、拒不认错。尽管"死不认错"是人的本能反应之一，

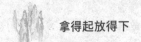

但长期如此不仅有损人品，也会丧失学习与成长的机会。

而且，掩盖错误不仅不能解决问题，还可能引发更大损失。小错不及时处理，可能导致信用破产。即使是微不足道的错误，也不该用不诚实的方式去掩盖。

戴尔公司创始人迈克·戴尔曾说，他最自豪的是公司员工始终保持"正视问题"的习惯。在戴尔公司，员工间常挂在嘴边的一句话就是："不要粉饰太平。"意思是，错误终将暴露，不如主动承担、尽快解决，这才是负责任的表现。

那么，怎样才能成为一个敢于纠错、赢得信任的人呢？

（1）勇敢面对，主动承担

错误已经发生，再逃避已无意义。唯一正确的做法是直面问题，承担责任，并积极寻求补救方案。试图用谎言掩盖错误，只会让局面更糟糕。

（2）深挖根源，汲取教训

查找错误背后的原因，尤其是主观上的不足，是防止重蹈覆辙的关键。如果总在同一个问题上跌倒，那才是真正的失败。每一次反思，都是通往成熟的台阶。

（3）不推卸，不嫁祸

推卸责任或嫁祸于人，或许可以暂时逃避惩罚，但最终会失去同事和上司的信任。在团队中，敢于担当的人，才会获得更多机会。

（4）用行动赢回信任

一时的错误不可怕，可怕的是失去改正的勇气。真诚的态度和积极的补救，能在一定程度上挽回他人的好感，甚至赢得更多尊重。

（5）错误是成长的跳板

将错误视为一次经验积累的机会，转化为成长动力。失败不代表终点，能从中吸取经验并持续改进的人，才更容易接近成功。

智慧道理

没有人一生能不犯错。重要的不是犯了错，而是如何面对。勇于认错，才是走向成熟和成功的第一步。掩饰错误，只会让自己越陷越深；而直面问题、及时纠正，才能赢得尊重，也为人生道路扫除障碍。真正有担当的人，敢于面对自己的缺点，也敢于承担错误带来的后果。

愈是小错，愈要极力改过

关注并改正小错误，是优秀人才的基本素养。你会发现，那些真正卓越的人，从不因错误微小而忽视修正。他们对待任何问题，哪怕再细微，也始终认真以对。然而，现实中，一些人却对小错不以为意。他们热衷于追求"宏大目标"，对细节疏于管理。他们认为：小错无伤大雅，不必"斤斤计较"。殊不知，很多严重的失误正是由无数被忽略的小问题堆积而成。

一家渔业公司的船只因操作失灵，油耗激增，捕鱼效率大减。船长齐涛经反复排查，发现问题出在船底附着的甲壳虫。这些虫子虽不起眼，却使船速下降40%，油耗增加40%。齐涛这样警示船员："细小问题不及时处理，终会酿成大错。"

类似的"小错误"，在职场中比比皆是：拖延成习、不注意整理、沟通方式粗糙、流程不规范……这些看似不起眼的小问题，如不纠正，终将成为阻碍成长的隐患。

哪怕1%的疏忽，也可能导致100%的失败。一次，美国一艘飞船因一节价值30美元的电池故障，未能在月球成功着陆，导致数十亿美元的投入付之东流。原因就在于检修时"略过"了这看似无足轻重的部件。

这个故事说明：错误无论大小，都应引起重视。小错若被忽略，不仅反复发生，更可能在关键时刻引爆大问题。

古希腊英雄阿基琉斯勇猛无比，却因唯一未被神水洗过的脚后跟而死于非命。小处不防，强者也难逃覆灭。神话中的隐喻，正是现实生活中的警示。

2003 年，美国"哥伦比亚"号航天飞机因一块脱落的隔热板爆炸解体，7 名宇航员殉职。这一灾难源于发射 80 秒后，一片碎片撞击了机体左翼。原本可以避免的微小隐患，最终酿成惨剧。

这些案例反复证明，小错误不能忽视，否则一失足成千古恨。那么，如何才能有效改正"小错"？

（1）主动识别小错，正面看待问题

每个人都会在工作中犯错，也难免养成一些坏习惯。关键是我们是否愿意面对这些问题。错误不是失败的象征，而是成功的前奏。能勇敢面对小错并及时修正，才是真正成熟的表现。

（2）建立"个人小错记录表"

记录下自己经常犯的小错和积习，并设立改正目标，定期回顾和跟踪进展。不必对每个缺点都自责，但一定要对持续的细节偏差保持警惕。年中或年末时，对照改进记录反思，会清楚地看到自己的成长轨迹。

（3）将"小事"视为"大事"去对待

不论是回复邮件的用词、文件归档的顺序，还是客户沟通时的语气，每一个细节都反映出职业素养。小问题如果每天出现，就可能影响团队合作、客户体验甚至个人职业发展。

（4）借助他人反馈，持续自省改进

我们无法察觉所有的细节问题，不妨请教同事、朋友指出自己在工作或为人中的"小毛病"，以此为镜自我反省，持续优化自己。

智慧道理

细节决定成败。任何小错若不加以改正，便会逐步积累，最终带来意想不到的严重后果。我们的工作如同行驶中的渔船，那些看似不起眼的"甲壳虫"会逐步阻碍我们的前进，让速度放缓，方向失衡。只有定期清除，才可轻装上阵，不负未来。小错不可轻视，及时改正，是迈向优秀的必经之路。

以鼓励代替批评

批评是良药，确有疗效，但苦口难咽。若能在表达中加些"糖衣"，对方更易接受。用鼓励代替批评，既能传递意见，又不至于伤人面子、破坏气氛。

秘书小张在一次任务中因失误得罪客户，心中惴惴不安，担心被责罚。一个月过去，老板未提一句。她在私下主动向老板道歉，没想到老板淡淡一笑："那次确实有点差强人意，但我相信你以后会做得更好。"短短一句鼓励让她如释重负，从此她工作更加出色。由此可见，温和的方式远胜苛责。

这一方法在家庭教育中尤为有效。晓明是个调皮学生，不仅成绩差，还常惹祸。一天，他在学校与同学打架，打碎对方眼镜。妈妈被请到学校，老师一顿批评后要求她严加管教。尽管委屈难过，妈妈回家却换了方式："老师说你比上次好些了，起码没打进医院，说明你懂事了。"

几周后，晓明考试从倒数第一升至倒数第三，妈妈再次被叫去学校，面对老师当众的责难，她回家依旧温和："你进步了两名，妈妈很高兴，下次争取前进五名，好不好？"晓明听后感动不已，拼命努力，最终以优异成绩考入重点大学。他最感谢的人，就是那位从不伤他自尊、始终用鼓励的方式来温暖他的母亲。

这个故事说明：批评固然必要，但方式可以更柔和些。一句鼓励，往往胜过万句指责。那么，我们如何在情绪中实现"鼓励替代批评"？

（1）控制情绪是第一步

批评常在情绪激动时爆发，若不控制，往往出口伤人。愤怒之下的言辞不仅无法解决问题，还可能伤害彼此关系。因此，当情绪高涨时，不妨先冷静几分钟，再平心静气交流。能控制情绪的人，更容易赢得尊重与信任。

（2）学会换位思考

一时的"发泄"也许让我们痛快，但却可能让对方羞辱难堪。别人的错误固然需要指出，但应以尊重为前提。站在对方角度考虑问题，更容易说出让人接受的话，也能守护好彼此的关系。

（3）找到对方的闪光点

即使一个人错误连连，也必有可取之处。批评时，先指出对方的优点，再委婉地提出不足，不仅更具说服力，也能激发对方进步的意愿。正如晓明的妈妈在每次批评前，总是先肯定他的成长，才使他步步向前。

（4）鼓励必须出于真诚

鼓励的话若夹杂讽刺，会适得其反。真诚的语气能让人感受到关怀与尊重；调侃的语气则容易让人误以为被嘲讽。因此，即使是善意，也要用真诚的方式表达。

（5）鼓励的力量，是一种智慧

批评本身无错，但方式决定效果。在表达批评意见之前，先问问自己："我能否换种方式，让对方更容易接受?"若答案是"能"，不妨就试试鼓励的方法。它不仅更容易触动人心，还能引导对方向善、向上。

在家庭中，鼓励是塑造孩子品格的利器；在职场中，鼓励是激发员工潜力的钥匙；在人际关系中，鼓励是化解矛盾的润滑剂。

智慧道理

　　与其急于批评，不如温和鼓励；与其苛责一时，不如成全一生。用鼓励代替批评，是一种修养，也是一种影响他人的智慧。做人多一点温和，做事多一分体贴，我们往往收获的，不只是好的结果，更是人与人之间最温暖的信任与理解。

第六章

放得下才是谦虚

——谦逊基于力量，厚积薄发靠积累

一个真正懂得谦卑的人，往往更懂得积蓄力量。谦卑不仅能避免给人以张扬狂妄的印象，更能在无形中为个人的生活与工作赢得尊重与信任。正如日本著名企业家松下幸之助所言：“谦和的态度，常常使人难以拒绝你的请求，这正是一个人无往不胜的重要秘诀。”

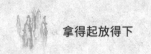

成功的第一个条件是真正的虚心

做人虚心，是走向成功的重要品质。一个真正虚心的人，懂得积蓄力量，不张扬、不自满，更容易获得他人的接纳和支持，也能在工作初期积累经验，为未来的发展打下坚实基础。

古时候，某国有个曾经繁荣的地区，随着新统治者上任，局势却开始走向衰落。他百思不得其解，于是前往一座名山寺庙，向一位智者请教。

智者没有立刻回答，而是带他来到河边，升起一堆篝火。火光熊熊，照亮夜空。他们静坐观火，直到黎明来临，火焰熄灭，留下满地灰烬。智者终于开口，指着身旁缓缓流淌的大河说：

"你可明白，昨日火焰虽盛，却终成灰烬；而这条河，虽平静无声，却愈流愈宽，最终汇入大海，生生不息。你之所以无法延续前任的繁荣，是因太过急功近利，锋芒毕露，却忽视了真正的力量来自谦逊与积累。"

这位新统治者恍然大悟。

这则故事带给我们重要启示：在为人处世中，虚心是通向成功的必经之路。它让人谦和有礼，能够尊重他人，善于倾听与学习，不居功自傲，也不文过饰非。

美国第三任总统托马斯·杰斐逊曾说："每个人都是你的老师。"他出身贵族，却不囿于身份，与各阶层民众广泛交往。杰斐逊愿意走进园丁、仆人、农民家中，了解他们的生活、倾听他们的声音。

有一次，他对法国革命家拉法耶特说："你若想真正理解革命的意义，就要走进民众中，看看他们吃什么、住得怎样。"杰斐逊的虚心与脚踏实地，使他不仅深受民众爱戴，也成为一代伟人。

一个人若能做到虚心，就具备了成熟的思维方式。他不会在成绩面前自满，也不会在批评面前气馁。他懂得向他人学习、修正不足、持续进步，最终才能走得更远、更稳。

智慧道理

真正的做到虚心，是迈向成功的第一步。它让你听得进意见，看得清自己，赢得他人尊重。以谦和为本，方能厚积薄发，走得更高、更远。

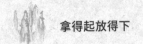

谦卑三分，就能天宽地阔

所谓谦卑，"谦"是谦虚谨慎，"卑"是不卑不亢。谦卑不仅是一种美德，更是一种为人处世的智慧。它能消除浮躁，赢得尊重，是通向成功的重要阶梯。正如日本企业家松下幸之助所言："谦和的态度，常常使人难以拒绝你的请求。"

阿芳来自湖南乡村，文化不高，来到广州后只能做保姆。她做事用心、虚心好学，短时间内就能掌握各类菜式，并在家务上做到细致周到，不等吩咐，主动完成。她的认真、稳重与谦逊，使她赢得了雇主一家极高的信任，甚至把她当成家庭的一分子。

这家女主人的妹夫在美国经营中餐馆，因扩张需要厨师，回国寻找合适人选。尽管亲戚众多，但大多缺乏实干精神。与阿芳接触后，他决定把机会给这个并无血缘关系的"外人"。在他的推荐下，阿芳开始接受专业厨师培训，并在实习中积累经验。一年半后，她顺利获得美国绿卡，开始新的人生。

许多人条件优越却难以实现移民梦想，而阿芳凭借自己的踏实与谦卑，反倒抓住了难得的机遇。这说明：不是只有想做大事的人才会成功，真正低调、肯干、有敬畏之心的人，往往更容易得到命运的眷顾。

阿芳或许未曾深知"谦卑"的定义，但她的言行处处体现了这一精神。她的成功，正是在潜移默化中为自己铺就了坚实的台阶。

懂得谦卑的人，必定是内心强大、理性清醒之人。他们善于反省，有自知之明，能够虚心纳谏，不断超越自我。他们不以身份高低对人分三六九等，反而越是地位高者越懂得尊重他人，越能赢得人心。

当然，谦卑不同于卑微。前者源于内在的坚定和修养，后者则是一种缺乏自尊的自我否定。谦卑表现出的是历练后的平和，是内敛的光芒；而卑微则往往让人联想到卑躬屈膝、趋炎附势。真正的谦卑是忘我，是一颗历经沉浮后的赤子之心，是一种让人敬重的境界。

在纷繁复杂的社会中，胸怀谦卑让我们更容易找到合适的位置。一个聪明的人，懂得辨清方向，快速融入团队；而一个狂妄浮躁之人，即便有再多机会，也终究因迷失而与成功失之交臂。

智慧道理

古语云："人誉我谦，又增一美；自夸自败，又增一毁。"真正的强者，从不喧哗张扬，而是以低姿态默默积蓄力量。愿我们常怀谦卑之心，低处立足，仰望星空，行稳致远。谦卑处世人常在，谦卑处事天地宽。

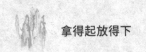

请教他人就是谦虚的表现

对于刚步入社会的新人来说，职场中常常会遇到不知如何应对的问题，却又难以找到合适的人求助。这时，最有效的方式就是——虚心请教前辈，多听他们的经验故事，不仅能获得帮助，更能建立良好的人际关系。

请教他人，是一种谦虚的态度。它能拉近人与人之间的距离，让人觉得你平易近人、愿意学习。尤其对新员工而言，尊重和接近资深同事，是融入团队的重要一步。许多新人因为担心与老员工难以相处，采取回避态度，其实这是误解。公司内的作业流程、资料整理、报告书写等，往往与书本所学大相径庭，而这些"门道"只有经验丰富的同事最清楚。即便他们沉默寡言，但面对诚恳请教的人，也往往愿意倾囊相授。主动请教不仅能帮助你迅速适应工作节奏，也能赢得同事们的好感与信任。长期坚持并实践下来，这种虚心态度可能成为你职业成长中的一块跳板。

除了虚心，也要讲求方法。与资深同事之间建立良好关系，如同乡、学长或兴趣相投者，更容易在工作中得到实质性的指导。而良好的人际关系不仅体现在公司内部，还会影响到外部的交流与合作。

高露洁公司前总裁立特在年轻时是香皂推销员，业绩惨淡。他不抱怨产品质量，而是选择请教客户："请告诉我哪里做错了？"他的态度打动了许多人，不仅赢得客户的指导，也积累了宝贵的经验。后来，他一步步成长为公司领导，靠的正是那份虚心与勤奋。

古人云："他山之石，可以攻玉。"善于向人请教，是成功的重要一环。懂得请教、善于倾听并吸收意见，正是一个人成熟的体现。

成功人士常有一个共同点——乐于听取他人建议。即使对所提意见不全盘接受，也能从中择其善者而用。而不愿听取建议、独断专行者，往往容易犯错且不自知。

有人误认为独立决策才是能力的表现，其实，借助外力，集思广益，才能最大程度地避免失误。那些成功者不是因为什么都懂，而是懂得"哪里不懂就问"，并乐于从他人经验中汲取养分。

一个人的成长，离不开环境，也离不开他人指点。当有人愿意分享经验、提出建议时，这是珍贵的学习机会。虚心接受他人的帮助，是一种修养，也是一种格局。

智慧道理

人无完人，即使再聪明，也难以面面俱到。他人的建议往往能弥补我们的盲点，帮助我们规避错误、完善思路。请教他人，是一种谦虚的态度，更是提升自我、追求卓越的必经之路。虚心问路，方能行稳致远。

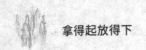

炫耀自己就等于看不到光明

真正聪明的人，往往懂得藏锋守拙。相反，那些稍有点能力就急于显露的人，往往会引火烧身。俗话说："木秀于林，风必摧之。"这不仅是一种生活智慧，更是处世哲学。

山林中有一群猴子，日子过得宁静祥和。一天，吴王游江登山，惊扰了猴群，众猴纷纷逃窜，唯有一只猴子自以为灵巧，在众人面前手舞足蹈，大肆炫耀，甚至接住了吴王射来的箭。吴王恼羞成怒，命随从一同射击，这只猴子终被乱箭射死。它的悲剧，就是因炫耀而丧命。

历史上不乏类似的教训。秦国丞相吕不韦权势日盛，秦王亲政后，他仍高调行事、门客如云，言行犹如摄政王，终被逐出朝廷，忧愤而终。吕不韦的失败，不是才不济，而是锋芒毕露，挑战权威，最终成为政治牺牲品。

职场中也如此。有才而不懂收敛，必然难以长久。恃才傲物者容易树敌，影响人际关系。如果语言锋利，行为高调，表面风光，实则危险四伏。

宋代有个名叫方仲永的神童，自幼便能赋诗成章，乡里称奇。然而，父亲因贪图声名，频繁带他四处应酬炫技，未让其继续系统学习。起初众人惊艳，称其天赋异禀；但数年之后，他的才情不增反减，诗文粗俗无味。人们感叹："昔之神童，今乃庸人。"方仲永并非没有天分，而是过早显才、无心积累，最终被世人遗忘。他的结局，是才露太早却无实学支撑的警示，更是炫耀心理的悲剧。

真正的聪明人，应懂得收敛锋芒，掌握尺度。聪明不在张扬，而在藏拙；成就不在高调，而在低姿态中蓄势待发。

在现实生活中，我们常见这样的人：略有小成，便沾沾自喜；稍得赏识，便锋芒毕露。殊不知，真正的大才之人，往往沉静内敛，不急于表现。他们明白，低调不是软弱，而是一种深藏不露的力量。

在职场或社交中，处处高调易招非议。太过显摆容易引发嫉妒与排挤，而懂得适时退让、隐忍进退，方能赢得真正的尊重。大智若愚，大巧若拙，才是高明之道。

智慧道理

锋芒如利角，不磨必折。若总是急于展现自己，终将因炫耀而失势。做人做事，贵在藏而不露，收而不发。唯有懂得隐藏与沉淀，才能积蓄更大的能量，迎接真正的光明时刻。

第七章

拿得起是志气，放下傲气

——用平视的眼光看待真实的人生

志气，是心之所向，是行动的原动力。它是立业之基、百事之纲，是指引人走出困境的精神"指南针"。志气使人明确目标，坚定步伐，而傲气则让人盲目自信，看不清现实，误入歧途。一个没有志气的人，终将碌碌无为，在混沌中蹉跎一生，难有作为。

志气决定财富

在这个充满机会的时代，财富英雄层出不穷。从李嘉诚到比尔·盖茨，从洛克菲勒到王传福，他们的成功激励着无数追梦人。而回顾这些人物的成长经历，无一不是从平凡起步，靠着坚韧不拔的志气闯出一片天地。

志气，是他们在困境中不屈不挠的动力，是他们迈向财富的根本。即使出身贫寒，也从未放弃内心对成功的渴望。这种志气，就是点燃奇迹的火种。

法国富豪巴拉昂的故事更是对此观点的鲜明注解。他靠推销装饰画起家，十年间跻身法国前五十富豪之列。临终前，他设下一个谜题："穷人最缺少的是什么？"并许诺，答对者将获赠 100 万法郎。

谜题一经公布，引发轰动。成千上万的人寄来答案：有人说是金钱，有人说是机会，有人说是技能，甚至有人回答是漂亮衣服、社会关系……但真正答对的，只有一位名叫蒂勒的女孩。她的答案是："志气"。

这正是巴拉昂一生的总结。他曾写道："我从穷人走到富翁，靠的不是运气，也不是背景，而是一种不可动摇的志气。"这个答案，揭示了财富背后的本质——不是外在条件，而是内心的雄心。

志气不是空想，它是信念、毅力、行动力的集合。是目标不变、坚持到底的韧性，是面对失败不退缩、再战的勇气。

美国女主持人莎莉·拉斐尔也印证了这一点。她初入广播行业时屡遭拒绝，一度失业超过一年。但她不气馁，一次次向电台推销自己的节目构想。尽管三次被人婉拒或失联，她依然坚持梦想，终于在一档政治栏目中获得了机会，并用自己的努力赢得观众，节目火遍北美，成为著名主持人。她的成功，靠的就是不放弃的志气。

很多人并非没有梦想，而是缺少把梦想坚持到底的志气。缺乏志气，就容易被挫折打败，被困难吓倒，最终一事无成。志气，是一种持续行动的力量，是抵御失败的护盾，是走向成功的引擎。

很多失败的人，总喜欢将责任推给环境、运气或他人。他们却忘了，真正的失败，是自己先放弃了希望，熄灭了斗志。没有志气的人，即使身处富贵，也难守成；而有志气的人，即使身处低谷，也终能崛起。

志气的可贵还在于，它能激发人的潜能。一个志在高远的人，会不断学习、不断进取，自我加压，主动创造机会。而没有志气的人，只会原地徘徊，把希望寄托在"等风来"上，终究与机会擦肩而过。

志气不仅决定一个人的格局，更决定一个人的未来。它是构筑财富的地基，是通往成功的通行证，是引领人生不断超越的指路灯。

智慧道理

志气，是心之所至，是奋斗的原点。唯有志气坚定，目标明确，并持之以恒，才能走出贫困，迈向成功。反之，若只幻想奇迹、不思进取，最终只会留下遗憾与悔恨。成功的第一步，就是点燃志气，让它成为照亮你前行路的光。

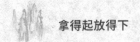

一切事情的成败取决于志气

"志气"是一个经常被提及的词，但它真正的含义是什么？卡耐基曾说："志"是方向，是目标；"气"是动力，是坚持。两者合起来，就是一种朝目标全力以赴、持之以恒、不轻言放弃的精神。凡事能否成功，很大程度上取决于有没有志气。

古人云："三军可夺帅也，匹夫不可夺志也。"苏轼也说："古之立大事者，不唯有超世之才，亦有坚忍不拔之志。"一个人是否有志气，直接决定了他能否立足社会、实现人生价值。那么，有志气的人具备什么样的特质？他们通常目标明确，意志坚定，不畏艰难，越是在困难中，越能爆发出强大的力量。正所谓"天行健，君子以自强不息"，志气的精髓就在于自信与不屈。

法国著名运动员米穆的成长经历，正是志气成就梦想的典范。他出生在一个贫困家庭，儿时常常吃不饱饭。即便如此，他对运动的热爱从未减少。没有鞋，他就光脚踢球；父亲不允许他穿新鞋训练，他也悄悄摸黑练习。11岁时，他考取了小学毕业文凭，却因身份原因被拒发助学金。他没有怨天尤人，而是默默承受，同时坚定地告诉自己："我不能放弃梦想，我要证明自己。"为了维持生活，他白天在咖啡馆打工，凌晨五点起床训练，即便脚后跟脓肿也不放弃。仅训练了一个半月，他便报名参加法国田径赛，虽然只获得第三名和第二名，却因此入选伦敦奥运会国家队。

首次参赛，他面对世界顶级选手毫不畏惧，在高温天气中坚持到底，最终赢得1万米比赛银牌。但媒体却冷嘲热讽地称他"靠天热取胜"。他没有理会这些带有偏见的评论，而是默默训练，坚持梦想。四年后，他再战奥运会，打破法国纪录，再次斩获银牌。后来在墨尔本奥运会上，他终获马拉松金牌，成为冠军，不再是那个在咖啡馆打杂的小伙。

米穆用行动证明：贫穷并不是失败的理由，只要有坚定的目标和不屈的志气，就没有无法到达的终点。他说过："我喜欢咖啡的香醇，也不怕其中的苦涩。"这也是他人生的真实写照。

古语说，"十年磨一剑"，有志之人，不因挫折而退缩。志气不仅是一种力量，更是一种精神支柱。没有志气，就像充不进气的皮球，永远弹不起来。正如那句老话："志不真，则心不热；心不热，则功不深。"

尤其对于身处逆境的人来说，志气更显可贵。有了志气，就不会在困顿中沉沦；有了志气，就不会轻言放弃。一个人可以没有背景、没有资源，但不能没有志气。

智慧道理

志气，是信心的体现。立志要从相信自己开始：不信自己比别人差、不信自己做不好、不信努力无效、不信目标遥不可及。"长风破浪会有时，直挂云帆济沧海"，有了这样的志气，就没有不可达的远方。志气，是点燃成功的火种，更是照亮未来的灯塔。

志气要符合自身实际

几乎每个人在学生时代都写过《我的理想》这类作文，可多年后回望，真正实现理想的又有几人？我们常把未实现的梦想归咎于命运，却很少反思：当初的志向是否建立在真实的基础上？那些高远的目标，是出于热爱和能力的支持，还是一时冲动和虚荣的选择？很多时候，志向并非不重要，而是那些不切实际才让人止步不前。

一个人志气高远是好事，但当它远离现实，成为脱离基础的幻想时，不但难以实现，还容易让人心力交瘁。就像让蜗牛登上泰山，看似有方向，实则不知所终。志气若没有结合自身实际，就成了泡影，一旦破灭，便满是遗憾。

田忌赛马的故事就揭示了这个道理。田忌本意是想赢得比赛，这种斗志无可厚非，但他忽略了关键因素——自身马匹实力不如对手。正是孙膑帮助他调整策略，用下马对上马、上马对中马、中马对下马，才最终赢得了胜利。

这个看似简单的故事背后却蕴藏着深刻的智慧：志气与策略必须结合。空有志向，不顾实际，结果只能是屡败屡战。而如果能在认清自己与对手差距的基础上，合理布局，就能化劣势为优势。

真正的成功，从来不是一意孤行地追求目标，而是懂得在过程中不断修正方向。

历史上，许多成功者也都明白"实事求是"的重要性。毛泽东就是善于根据形势变化调整策略的典范。他提出的"敌进我退""农村包围城市"等战略思想，都是在准确分析自身与敌方力量差异的基础上制定的。而在实践中，他又能根据战局变化及时调整原定计划，从而最大限度地发挥了主观能动性。这种在理想与现实之间找到平衡的能力，正是成就伟业的重要支撑。

现实生活中，我们也常见到不少人，一味模仿他人成功之路，却忽视了自身条件的差异。别人的成功之所以成功，可能正是他们的优势和时机所致。盲目追随，不但难以复制成功，还容易陷入失败的泥潭。人的兴趣、能力、资源各不相同，适合自己的道路才是最有效率的成功之路。正如庄子所说："不务生之所无以为，不务命之所无奈何。"意思是说，不去强求本不属于生命的东西，也不执着于命运中注定不可达成的目标。志气并非越高越好，而是要"高而不虚""远而可达"。

目标可以大，但切不可脱离实际。与其仰望星空而无所作为，不如脚踏实地，一步步向理想靠近。将志向建立在个人能力、资源、兴趣和承受力之上，才可能将梦想变为现实。这样不仅不会让人半途而废，还能激发持续的动力，实现阶段性的突破。

如果一个人能认识到自身独特的天赋，并据此设定合适的目标，再辅以坚定的意志和持续的努力，就有可能实现真正属于自己的成功。而不是在他人的光环中迷失方向。

智慧道理

理想的确立需要勇气，更需要自知之明。志向不是喊得越响越好，而是落地的行动。真正明智的人，会根据自身情况，量体裁衣，设定切合实际的目标。在实现目标的过程中不断反思、调整、突破，这才是"志在高远"与"脚踏实地"的真正统一。真正的志气，不是纸上谈兵，而是兼顾理想与现实的实践力。

志气要高，着手要低

很多人在做事时常犯一个致命错误——好高骛远。就像盖楼一样，无论要建多高，最关键的是打好地基。地基不牢，即使上层再华美，也难经风雨。

古人云："千里之行，始于足下。"再高的目标也必须从基础开始，一步步积累，正如荀子所言："不积跬步，无以至千里；不积小流，无以成江海。"正是从细节起步，才能稳扎稳打，迈向成功。

明月是一家化妆品公司的销售员。虽然外表亮丽，却有着不幸的家庭背景——父母病重，家庭贫困。从大学时代起，她就立志毕业后要挣大钱，让父母安享晚年。入职时，她毫不犹豫选择了"零底薪＋高提成"的薪资模式。她认为，只要拼尽全力，靠着毅力和勤奋就能迅速打开局面。然而，理想很丰满，现实却很骨感。半个月过去，她一单未出，收入为零，生活陷入困境。尽管她越发拼命，但结果仍不理想。第二个月，她四处奔波、磨破嘴皮，却换来冷眼和白眼，销售额依旧惨淡，除了好友"友情购买"外，几乎无所收获。直到一次回校与班主任交谈，老师指出她的问题所在："志向是好事，但太急功近利，只会让你陷入挫败。做大事需从小处起步，一步步积累才能厚积薄发。"

这番话点醒了她。她选择调整策略，改为"底薪＋提成"模式，不再盲目冒进。由于稳定的收入保障了生活，也让她心态平和，逐渐找到适合自己的节奏和销售方法。第三个月，她终于拿到了1000元底薪和838元提成，实现了小小的突破。

明月的经历说明，志气再高，如果没有从现实出发，就难以为继。她初入职场便追求高提成，却忽略了行业规律和自身经验的不足。调整策略后，从基础做起，终于打开了局面。这正印证了"志气要高，着手要低"的道理。高远的目标固然重要，但如果不从现实出发，只会带来失望。真正聪明的人懂得先在细节中扎根，然后逐渐扩大成果。

现实中，不少年轻人也常犯同样的错：志向远大，却不愿从基层做起；梦想创业，却不肯从打工积累经验。理想和现实之间，不是非此即彼，而是需要一座桥梁——那就是踏实的起步。

《道德经》曾说："图难于其易，为大于其细。"目标可以宏大，但必须脚踏实地。就像行军打仗，要有宏观战略，也要有具体战术。志气的高远，必须以一个个小目标为支撑。把握每一个当下的细节，才能逐步逼近梦想的彼岸。

不要想着一夜成名、一跃登顶。成功从来不是一蹴而就，而是从点滴积累开始的结果。一步步积累，才是通向高峰的唯一通道。

智慧道理

"有志者立长志，无志者常立志。"人要立志，志要高远，但更要从小事做起。战略上立高远目标，战术上注重细节执行。唯有如此，才能将理想变为现实。梦想从不排斥现实，相反，脚踏实地才是通往成功的唯一途径。志气在高，行动必须从低起步。

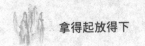

自满者败，自矜者愚

《管子·形势》有言："伐矜好专，举事之祸也。"意在警示人们，骄傲自满、独断专行是行事的大忌。诸葛亮也说过："将不可骄，骄则失礼，失礼则人离，人离则众叛。"《资治通鉴》中亦有类似论断："国君若骄，国将不保；大夫若骄，家业难存。"可见，自满自矜不仅会阻碍个人成长，更可能毁掉事业乃至国家。轻则错失发展良机，重则自毁前程。

2009年，曾称霸全球汽车市场的通用汽车申请破产保护；2010年，丰田公司也因大规模召回事件陷入危机。正如丰田章男反思后所言，企业扩张过快，忽略质量控制，更因沉醉于辉煌战绩，未能正视问题、及时纠偏，最终走入困境。成功常因忧患意识而得，失败则往往根源于自满。

一个组织若失去反思与警觉的能力，其衰败只是时间问题。同理，一个人若沉溺于过去的成绩，拒绝进步，也终会被现实淘汰。

历史上，李存勖就是典型的例子。他年少有为，骁勇善战，最终建立"后唐"王朝。但称帝之后，他逐渐沉迷享乐，不理政事，沉溺戏剧娱乐，自封"李天下"，对朝政失去控制权。宦官与伶人交相为害，忠臣遭排挤，民怨沸腾。最终，在一场兵变中死于乱箭。他的失败，根源就在于自满骄纵、听不进劝谏。

现实中，这样的教训不胜枚举。生活、学习、工作中，我们都可能因为取得一点成绩就沾沾自喜、自视甚高。古语有言："学如逆水行舟，不进则退。"一个自满的人，不仅难以进步，甚至连已有的成绩也会丢失。

有一个故事能很好地说明这个道理：一位修行人途经小庙，态度高傲地要求长老招待。当长老为他倒茶时，水满了仍继续倒，他立即指责长老："你为什么水满了还倒？"长老平静地说："正因为满了，才装不进新的水。只有倒空，才能继续装入。"修行人听后羞愧离去。

这个故事告诉我们：一个自满的人，就像那满满的茶杯，再也容不进新的知识和经验。唯有放低姿态，才能不断吸收、不断成长。

生活中，自满不仅会让人止步不前，还容易失去他人支持。一个喜欢自夸、自矜的人，会让朋友敬而远之；一个听不进意见的人，也不会获得团队的信任。相反，虚心是一种智慧的表现。一个人若能认识自己的不足，坦然接受批评和建议，便能不断完善自我。正如老话所说："满招损，谦受益。"

值得注意的是，谦虚并不等于自卑。我们不应在骄傲与自卑之间摇摆，而应以谦和之心面对世界，既能肯定自己，也能尊重他人。在个人层面如此，在国家层面亦然。一个国家若不与时俱进，闭门造车，迟早会被时代抛弃。唯有开放包容，虚心学习，才能强国富民。

智慧道理

自满是失败的开始，自矜是愚昧的标志。做人要懂得收敛锋芒、虚心纳谏，做事要始终保持进取之心。"满招损，谦受益"的古训不仅适用于修身养性，也是一切成功事业的根本保障。唯有摒弃自满、自矜之念，才能不断进步、走得更远。

第八章

拿得起是勇气，放下恐惧

——生活中的失败并不可怕

　　勇气是穿越困难的清障车，是开辟通途的先锋军。唯有依靠这柄冲锋的利剑，才能斩断前行路上的荆棘与阻碍，最终摘取成功的甘甜果实。

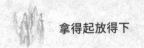
靠勇气叩开成功的大门

对于成功，很多人总有宏伟蓝图，脑中不断盘算着如何实现，却迟迟不敢迈出第一步。担心失败、怕吃亏、惧资源浪费，久而久之只能眼看别人成功，自己却止步不前。这正应了那句俗话："撑死胆大的，饿死胆小的。"在机遇面前，真正敢于行动的人，往往才能收获满满。

"胆大"的核心，其实就是勇气。一位旅行家在非洲观察到马群饮水的奇景。每年夏天，大批马匹从干旱地区迁徙到河边，只有一条河能供水。然而，河水中潜藏着鳄鱼，岸边也可能有猛兽伏击。马群口渴难耐，却因恐惧而徘徊不前，进退之间形同"舞蹈"。直到马群不断拥挤，才有马被迫进入水中，而真正喝上水的，始终是最先鼓起勇气迈出的那几匹马。

旅行家连续观察数日，发现这场"挣扎的仪式"日复一日上演。甚至有些马宁愿站在高处哀鸣，也不愿绕远路去喝水。那一幕，仿佛许多人真实的写照——面对成功，渴望而不敢靠近，只因对失败的恐惧太重。

在现实生活中，许多人正如那些犹豫的马，眼看机会在前，却迟迟不敢行动。明知前方是实现梦想的路径，却因风险和不确定性而退缩。他们希望成功降临，却不愿承担可能的代价。最终，只有那些勇于迈出关键一步的人，才真正获得改变命运的机会。

勇气，往往是打开成功之门的钥匙。某公司总经理曾明令禁止员工进入 8 楼某间无门牌的房间，却未说明缘由。大多数人都照办，没人质疑。直到新来的员工提出"为什么"，并决定亲自一探究竟。他悄悄推开虚掩的门，发现屋内空无一物，仅有一张写着"请将此牌交给总经理"的纸牌。将其带到总经理办公室后，年轻人被当场任命为销售部经理助理。

这份任命并非偶然，而是对其勇气的肯定。他敢于质疑"禁令"，敢于打破沉默，敢于探索未知，展现了真正的开拓精神。而其他员工，虽资历更久、能力不逊，却因循守旧，最终与机会失之交臂。

生活中，成功并不总是遥不可及。它就像一扇虚掩的门，只等你伸手去推。许多人之所以失败，不是因为缺乏资源和才华，而是因为缺乏打开那扇门的勇气。他们被习惯、规则甚至他人意见所束缚，忘了主动出击，才是改变命运的第一步。

每一次突破，每一次进步，背后都少不了勇气的支撑。你不去叩门，就永远无法知道门后藏着怎样的机遇；你不迈出那一步，就永远只能原地踏步。

智慧道理

很多成功的门只是虚掩着，关键在于你是否有勇气走上前去，轻轻叩响它。只有敢于跨出安全区、挑战未知的人，才能真正探得属于自己的成功宝藏。

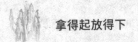

敢为天下先

在现代社会，竞争无处不在。新思想、新技术、新产品层出不穷，推动着时代不断加速演进。与历史上任何时期相比，如今社会的变化更迅猛、更剧烈。这是一个"敢拼才能赢"的时代，成功往往属于那些勇于迈出第一步、敢为人先的人。

人们常说："第一个吃螃蟹的人最勇敢。"许多人成就平平，往往不是因为能力不够，而是因为害怕失败、畏惧出头。他们宁愿追随大流，也不愿突破现状。而真正的强者，恰恰是那些敢闯敢试、主动创新的人。

敢为天下先，是一种创新精神。墨守成规只能走在别人的脚步后面，而开辟新路的人，才有可能缔造伟业。历史长河中的许多壮举，都源于这种先人一步的勇气。

屈原高举理想之火，虽流放却不改初衷，成就了中华民族不屈的精神；赵武灵王改革服制、推广骑射，令大国强军；陈胜、吴广首倡起义，打破了千年压迫；鲁迅以笔作枪，照亮民族前行之路。正是这些先驱者的勇敢尝试，才推动了历史的车轮不断前行。

浪花淘尽历史上的英雄，但"敢为天下先"的精神却永不湮灭。时代变迁，科技进步，这份胆识依然激励着无数后来人去开拓、去创造。

1996年，曾强在北京创办了全国第一家网络咖啡屋，尽管遭遇讥讽与质疑，他仍坚定不移，矢志在电子商务领域干出一番事业。他是典型的"敢为天下先"的实践者。短短数年，他带领团队将网络咖啡屋发展为15家连锁，并推动实华开集团参与制定行业标准。2000年，他加快了发展步伐，在上海成立中国第一家电子商务中心，获得国家工商管理局批准，成为国内首家具有电子权威资质的公司。

实华开集团相继推出"e步登天"系统、出版电子商务教材，并与全球五大洲采购商签订订单，和多家国家级企业结成战略联盟，全面进入世界电子商务舞台。首先，作为唯一民企代表之一，曾强出席全球信息基础设施委员会论坛，与国际信息技术领域巨擘同台。不久，他带队参展第88届广交会，赢得2亿美元订单，震撼全场。后来，他更在APEC高峰会上发表精彩演讲，为企业赢得了空前关注。

这一系列成就的背后，是曾强"敢为天下先"的魄力。他用实际行动说明：光靠"工资"难以致富，唯有勇于创业、敢冒风险，才能真正拓展人生与财富的边界。守着"稳定"不放，只会止步不前。

创新者的视野，永远比平庸者更远；他们敢做别人不敢做的事，自然会收获不同的成果。当我们也敢于破局而出，持续努力，成功终将属于我们。

智慧道理

敢为天下先，是一种突破常规的勇气，是成功者必备的气质。你若渴望成功，就要勇于挑战、敢于创新、甘于冒险、乐于承担。只有不拘泥于旧有模式，才能打破瓶颈，实现自我飞跃。

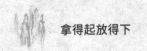

人生的大勇气——"放弃"

在生活中，我们常常面对种种"难以割舍"的情境：

刚失去一份待遇优厚的工作，内心久久难以释怀……

与恋人分手，仍忍不住频频联系，幻想重归于好……

股票明知下跌，还不忍抛售，只因舍不得既得的利润……

当亲朋劝说时，我们往往说："我知道该放下，可我舍不得。"其实，他们并非不懂这个道理，而是缺乏一种勇气——放弃的勇气。

人生充满纷繁诱惑与牵绊，不懂放弃，只会背负沉重的包袱前行。真正成熟的人，懂得放弃不属于自己的东西，才能轻装上阵，走得更远。

俄国作家托尔斯泰曾写过一个寓言：一位贫穷的农夫获天使赐福，只要不停奔跑，跑过的土地皆归他所有。为了给家人更好的生活，他不停奔跑，不顾劳累，直到精疲力尽倒地而亡。他追求更多，却终究一无所有。

这个寓言故事告诉我们：人生确实需要拼搏，但更需要认清边界。在无休止地"向前跑"时，我们是否忘了身后等待我们的亲人？若一味追逐，却错过了人生中最重要的陪伴与温情，那样的奔跑还有意义吗？懂得放弃，才是真正的清醒。放弃，并不是失败，而是对生活的深刻理解与理性选择。

许多成功者正是因为懂得在关键时刻放弃，才换来更大的成就。他们明白：放弃眼前利益，是为了成就长远目标；放弃眼下执念，是为了迎接更广阔的天地。

放弃，往往是一种智慧的跃升。当我们抛开那些阻碍前行的"旧雨伞"，看到的将是一片更开阔的蓝天。

Google 前全球副总裁李开复的人生经历就证明了"放弃"的力量。他大学最初学习政治学与法学，立志成为律师或政治家。但实际学习过程中，他感受不到热情，也没有满足感。意识到这不是适合自己的道路后，他果断转系，投身计算机科学。

事实证明，这是他人生中一次重要的"转向"。第二次放弃，是他博士毕业后婉拒母校留任教职的邀请。虽然这是令人羡慕的机会，但他意识到教学虽好，却难以发挥对社会的直接影响。他选择加入苹果公司，投身科技创新事业。

正是这两次果敢的"放弃"，帮助他明确了人生方向，实现了自我价值。如果他一味固守最初的选择，也许就没有今天的李开复。

优秀的军事家会集中兵力于主战场，而在不重要的战线则选择适度让步。同理，人生也要懂得有所取舍。面对多个目标时，我们必须学会舍弃次要，专注于真正值得投入的方向。比如，当你路过球场，听到同龄人尽兴玩耍，你是否能抵住诱惑，选择去图书馆安静学习？短暂的欢乐虽令人向往，但与长远的目标相比，不得不学会放弃。

放弃，并不代表退缩，而是一种大智慧、一种有节制的进取。

放弃，是人生的智慧选择。

学会放弃，并不是否定努力，而是懂得区分真正值得的东西。我们应学会：

放弃失恋的痛苦，让心灵重新自由；

放弃对权力、金钱、虚荣的执着，回归内心的宁静；

放弃无谓争执，留出时间成长自我；

放弃过去的伤害，迎接新的开始。

在人生的关键时刻，唯有明智地放弃，才有腾飞的可能。

智慧道理

放弃，是一种境界，也是一种力量。它不是怯懦的表现，而是成熟的标志，是生活与时间给予的修炼。学会放弃，我们才能摆脱束缚，轻装前行；唯有放弃过往，才能真正拥抱未来。

冒险不等于冒进

经常听人感慨说："我没有成功的机会。"但真正的问题，并非机会稀缺，而是许多人缺乏迈出第一步的勇气。他们不敢尝试新事物，更不敢踏出舒适圈。

成功需要勇气。唯有敢于冒险，才能抓住转瞬即逝的机遇。但这里的"冒险"并非鲁莽行事，而是深思熟虑之后的果断行动。冒险是理智的勇敢，而冒进则是盲目的冲动。两者区别在于：冒险是在评估和准备的基础上，选择性地尝试未知；而冒进是毫无依据的冲动之举，极易招致失败。一次失误的冒进，可能让人前功尽弃，甚至一败涂地。因此，面对未知，既要敢闯，也要懂得把握节奏。稳中求进，才是通往成功的正道。

李嘉诚的成功并非偶然，而是"敢"与"稳"的有机结合。14岁时，他因父亲去世辍学谋生，拒绝依赖亲属安排，决定自寻出路。他先尝试进入银行，未果后转而在茶楼打工。虽然是基层工作，但他暗下决心，从小事中磨炼心性，观察人情世故、积累社会经验。通过阅读和反复买卖二手书籍，他积累知识，又节省资金，为将来打下了基础。随后，他进入舅父的钟表公司学徒，从中掌握了技术，也洞察了市场。当他建议公司进军低端钟表市场，取得了可观成效，这便是基于现实判断后的"冒险"。

17岁时，他开始创业，历经波折仍不急躁，始终脚踏实地。22岁那年，创立长江塑胶厂，正是他深思熟虑后的又一次重要出发。他之所以投身塑胶行业，是因为他看到了全球对塑胶花的潜在需求，而当时的香港对此几无涉猎。于是，他认准方向，抢先布局。

他的判断不仅基于技术信息，还结合了社会趋势。他得知欧美生活节奏加快，家庭对简便装饰的需求上升，于是预测塑胶花将成为替代天然花卉的潮流。为了验证判断，他迅速前往意大利实地考察技术与市场。这次理智的冒险，让他赢得先机。正是这种"分析＋行动"的模式，为他日后构建产业帝国奠定了基石。

李嘉诚的稳健在于，他虽勇于行动，但每一次选择都基于扎实的调研和精准的判断。一次，一位欧洲大客户提出合作，但要求李嘉诚提供有力担保。他虽无担保资源，却没有放弃，而是连夜赶出多个样品设计，以真诚与实力打动对方。最终，客户破例签约，并预付货款，为公司解决了资金瓶颈。

在欧美市场的开拓中，他步步为营，快速建立起品牌影响力，1958年公司营业额突破千万港元，纯利逾百万。凭借这一波塑胶花热潮，李嘉诚赢得了"塑胶大王"的称号。他的成功在于：冒险不等于盲干，而是建立在理性与观察之上的布局。正如他所说，机会固然重要，但把握机会的能力更关键。而这种能力来自于审时度势的智慧，和稳中求进的耐心。

智慧道理

成功之路从不平坦，只有看准方向，踏实前行，才不会迷失在半途。

冒险精神是成就伟业的催化剂，但必须以现实为基、以判断为先。盲目冒进，只会令努力打了水漂；而科学的冒险，才能在风险中找准价值，在挑战中赢得未来。

勇气值得敬佩，但理智更应当赞扬。成功属于那些既有胆识，又懂得取舍的人。

第九章

拿得起是耐力，放下浮躁

——脚踏实地是梦想的基石

如果说成功在河的对岸，那么耐心就是那艘载你前行的小船，而浮躁则是潜伏在水中的鳄鱼。小船能带你稳稳地抵达彼岸，而鳄鱼只会将你拖入失败的深渊。

浮躁乃败事的根源

曾经看到一幅漫画：一个40多岁的男子对年轻人介绍自己："我工作20年，换了10家公司，服务过150名客户。"而坐在面试官位置的年轻人却说："我工作3年，只在一家公司。"漫画虽简单，却揭示了一个深刻问题：同样的时间，命运为何天差地别？关键就在于浮躁。

浮躁表现在：三心二意、追求速成、喜新厌旧、缺乏耐心；今天羡慕别人、明天想换方向；缺少专注力，难以在一件事情上沉下心来。遇事不顺就放弃，从不真正付出全部努力。

心理学中，浮躁是一种焦虑、冲动的情绪状态，是与"沉稳""踏实"背道而驰的行为特质。它是败事的根本，常常让人只看眼前，不谋长远；只顾表面，忽略本质；注重速度，而牺牲质量。正因如此，浮躁的人往往难以专注于积累和深耕，久而久之，也就错失了人生的重大机遇。

老子有言："静胜躁。"唯有沉静，方可制躁。沉稳不是迟缓，而是坚定、专注和理智的结合。只有耐得住寂寞、沉得下心的人，才能走得更远。

中国工程院院士、暨南大学校长刘人怀的人生经历就是对"沉稳"二字的最好注解。他出身书香世家，立志科技报国。1958年高考时，因家庭"海外关系"被分配到兰州大学数学系。面对现实，他没有怨言，而是脚踏实地、奋发读书。凭借优异表现，大一便参与了"东方红一号"卫星的研制，大四更是进入前沿课题"薄球壳体非线性稳定"

研究领域。不久，"文革"爆发，他被打成"反革命苗子"，关进牛棚。但他并未放弃，而是悄悄坚持科研，用算盘和对数表完成了数年高精度手工运算。整整四年，他积累的废纸堆满几大麻袋。靠着这股执著，他完成了著名论文《波纹圆板的特征关系式》，填补了国内学术空白。然而，这篇成果却因政治与形式审查被延迟发表长达十年，直到1978年才正式刊登，引起学界轰动。钱学森、钱伟长等专家高度评价他的贡献，并特邀他出席中国仪表年会，开启了他科研事业的新阶段。

刘院士总结道："沉稳，就是认准方向，不因失败动摇，不因成功自满。"他的成就，正源于对浮躁的克服与对理想的执著。

人生并不总是一帆风顺，关键时刻能否保持冷静，往往决定成败。一个人若不能在困境中稳定情绪、理性判断，容易做出错误决定；而冷静者能静观其变，从容应对。

生活中我们常见两类人：一类是遇事急躁，容易失控发怒；另一类则沉着应对，遇事处理妥当。差别就在于是否具备冷静思维与情绪调节能力。冷静不是回避问题，而是对问题的深刻把握和清晰认知。除此之外，冷静还能帮助我们压制急躁情绪，增强内心稳定性，提升判断力。在职场、学习乃至人际关系中，保持冷静，是提升个人素养和竞争力的关键。

不管是考场上的沉着应对，还是职场上的临危不乱，成功者往往拥有强大的心理调节力。他们在风浪中保持清醒，用理性引导行动，从而稳步向前。

智慧道理

真正的强者，不是最聪明的人，而是最能沉住气的人。

一个人若能在纷繁中守住初心，在压力中稳住情绪，在困境中坚持目标，便能在浮躁横行的时代脱颖而出。冷静、沉稳，是穿越迷雾的灯塔，是抵达成功彼岸的关键力量。

是一蹶不振还是荣辱不惊

我们总是在面对人生的跌宕起伏时，思考该如何抉择：是一蹶不振，还是荣辱不惊？有智慧的人，往往选择后者。

现代社会中，许多人将财富和地位视为人生的终极目标，被名利牵引，日渐沉溺于现实的安全感与虚荣之中。我们被物质束缚，逐渐失去内心的自由。而平常心告诉我们：世间万物皆为身外之物，应学会拿得起、放得下。珍惜当下，活在当下，才能活出从容自在的节奏。正如李叔同大师所言："春有百花秋有月，夏有凉风冬有雪。若无闲事挂心头，便是人间好时节。"若能以平静之心看待人生，那么每日皆为"好日子"。

人生难免起落沉浮，唯有心怀开朗，才能以从容的姿态面对变化。面对困境不气馁，面对顺境不自满，才能真正活得坦然。其实，人生如茶。未历风雨者，如用温水冲泡的茶叶，只浮于表面而无韵味；唯有在滚烫中沉浮，方能散发出清香。每个人的成长，亦是在生活的"沸水"中磨炼而来。

人生中，财富、环境、身份都在不断变化。若我们被这些外在的起伏牵着走，容易迷失方向。唯有调整心态、更新目标，积极适应变化，才能掌控自己的航向。

苏格拉底就是这样一个典型。他的智慧并不仅在学术，更体现在他对生活的态度上。年轻时，他与几位朋友挤在不足十平米的小屋中，依旧乐观向上。有人问他为何还能快乐，他笑答："朋友在一起，可以

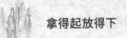

交流思想与情感，这值得高兴。"朋友陆续离开后，他独居一室，仍旧开心。他说："我有许多书籍，它们是我的老师，每天都能向它们请教，怎会不快乐？"

成家后，他住进一栋七层楼房的一楼，环境嘈杂。他依然乐观："住一楼有许多便利，不必爬楼，搬东西方便，还可以在院子里种花养菜，生活多有趣。"后来，为了成全朋友照顾行动不便的亲人，他搬至七楼。有人好奇他是否还能快乐，他仍笑着说："每天爬楼是锻炼，光线充足适合阅读，没有头顶干扰，非常安静。"

无论身处何种环境，苏格拉底都能看到积极的一面。他懂得调适心态，不为外界所扰。他的乐观，并非肤浅的麻痹，而是深入骨髓的豁达。生活中，不幸与挑战在所难免。如果总是纠结于过去的伤痛，只会让快乐越走越远。与其耿耿于怀，不如换一种心态去迎接新生活。修炼乐观心态，不是逃避现实，而是主动选择积极的生活方式。放下不必要的烦恼，珍惜眼前的美好，我们就能收获精神的富足与生活的自由。

笑看沉浮，不计得失，生活便少了烦恼；不争虚名，心自安宁。一个真正快乐的人，往往不是拥有最多的人，而是最懂得珍惜和释怀的人。

智慧道理

修炼一颗平常心，笑看世事起伏，能够随遇而安，让每一天都过得充实而快乐。

在荣辱之间不动心，于成败之中不迷失，你会发现，这份从容与清醒，就是你最宝贵的人生财富。

临事而谨，静观其变

生活中，我们常会遇到突发事件。许多人在平时处理事务尚可，一旦事态突然，就会像没头苍蝇一样乱撞，处事结果往往事与愿违。

有一位朋友也曾如此，直到他向公司一位前辈请教，前辈只说了两个字："谨""静"。起初朋友不解其意，直到他开始观察前辈的处事方式后，才逐渐明白：前辈在遇事时，总是先安静地泡一杯咖啡，然后再处理事务。前辈解释：这样做一方面是为了冷静头脑，厘清思路；另一方面是补充体力，以最佳状态应对问题。这让朋友深受启发——原来"谨"和"静"并非简单的性格特征，而是一种高效的处事方式。

当问题复杂超出预判时，盲目行动只会增加错误。此时不妨"静观其变"，以时间换取判断力，做出更稳妥的决策。有人担心错过时机，但事实上，真正的机会从不只出现一次，关键在于看清全局，把握节奏。

老子有言："重为轻根，静为躁君。"意思是：稳重是轻浮的根基，冷静是躁动的主宰。轻率失稳，急躁失控，唯有谨慎以对、静心应变，方可立于不败。

1986年，珠海光纤公司在采购光导纤维设备时，与多家国外企业接触，最终锁定与美国A公司进行谈判。A方代表业务娴熟，尤其是主谈人莫尔，全程靠数字说话，显然做了充分准备。但珠海方面并未被对方气势压倒。他们早已洞察市场局势——彼时意向进入中国市场的外国企业众多，市场属于"买方"。于是，珠海公司设下策略，同时

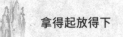

引入英国 E 公司参与谈判，这两家公司虽出身同源，却因利益争斗明争暗斗。

一次谈判后，英方"无意"遗落两页文件，内容是极具诱惑力的低价报价。珠海谈判负责人意识到，这很可能是英国方面的"激将之计"，故意让美国代表看到，以此刺激降价。面对这局，珠海方面并未急于表态，而是静观其变。果不其然，美国代表以为捡到宝贝，立刻在价格上作出让步。最终，珠海光纤公司与 A 公司签署合同，不仅引进了国际先进设备，还将原报价压低 186 万美元，节省了大量外汇，极大地提升了企业发展效率。

这一案例印证了：在复杂博弈中，保持冷静和谨慎，不急于出牌，反而能赢得最优结果。

古人云："处事不惊，方成大器。"真正的高手，不是情绪激烈的强攻者，而是冷静观察的"静修者"。正如毛泽东所说："冷眼向洋看世界。"能够静观其变，不动声色地掌控节奏，是谋略，更是修养。现实中，那些性格沉稳、不轻举妄动的人，常常更少吃亏。因为他们懂得：真正的危机，往往藏在表面的机会之下。谨慎行事，是防范风险、提升胜率的重要手段。

成功人士常具有共通特质：他们不盲从，不浮躁，不轻言决断。他们擅长等待，善于观察，在关键时刻果断出手。

智慧道理

为人处世，谨慎应事，冷静对局，是走向成功的关键路径。急于求成往往适得其反，只有脚踏实地、沉稳前行，才能在变局中抓住机遇，在竞争中立于不败之地。

小事入手，点滴积累

你是否见过一个漏水的水龙头？水滴看似微不足道，却在一夜之间能积满整盆。这就像我们做事的过程——从微小之处开始，日积月累，终可汇成江海。

注重细节不仅是一种积累，更是一种智慧。一个人只有具备关注细节的能力，才能精准发现问题、有效解决问题，并实现高效高质的工作目标。尤其是初入职场时，从小事做起、从基础做起，不仅是职责要求，更是成长的必由之路。脚踏实地，从细节中把握机会，是职场发展的关键。

美津子在东京一家贸易公司工作，主要任务是为客户订购火车票。她经常为一位美国公司的经理订购"东京—大阪"的往返车票。这位经理后来发现，美津子总能精确地将去程安排在右侧车窗、返程则在左侧。好奇之下询问原因，美津子微笑答道："这样您往返都能看到富士山的景色。"这份体贴入微的服务令经理感动，随即增加了与公司的合作量。美津子也因此获得嘉奖和晋升。

她的成功，并非来自轰轰烈烈的大事，而是源于对细节的敏感与尊重。可见，用心于微小之处，便能赢得信任、开创机会。

历史上，不乏因忽视小节而酿成大祸的教训。英国理查三世国王的失败便是典型。

在决定国家命运的一场战役中，他准备骑上最喜欢的战马冲锋。可因铁匠缺钉，最后一个马掌未能牢固安装。结果，在冲锋途中马掌脱落，战马摔倒，理查被掀下马来，无力指挥，最终被俘。

这一战因小小一个铁钉而失败，理查也由此亡国。历史从此留下了一个著名的警句：

少了一个铁钉，丢了一只马掌；

少了一个马掌，丢了一匹战马；

少了一匹战马，败了一场战役；

败了一场战役，失了一个国家。

这一连串灾难的起点，只是一个微不足道的疏忽。这正是细节的力量——可成事，亦可毁事。

古人有言："不择小流，无以成江海；不积小事，无以成大功。"事业的成功从来不是一步登天，而是源于每一份踏实的努力、每一件微小的任务的完成。

对细节的关注，也是对责任感的体现。在每一次细微的工作中，去做到最好，去优化流程、提高标准，才有机会在日后担当更大职责。

工作中的每一次认真、每一次用心、每一点坚持，终将在未来形成你的专业声誉和不可替代的能力。成功，并不神秘，它往往就隐藏在最不起眼的细节中。

智慧道理

荀子在《劝学》中说："不积跬步，无以致千里；不积小流，无以成江河。"只有心无旁骛、踏实做事，从小事做起、从点滴积累起，才能一步步打下人生的根基，筑就未来的成功。

忍耐孤独和寂寞

现代都市的夜晚，灯红酒绿，夜店、茶馆人声鼎沸。许多人用这样的方式打发下班后的时光，只因他们说："太寂寞了。"

在不少人的观念中，孤独与寂寞是一种失败的象征，是没有社交的尴尬，是交际能力不足的表现。但实际上，孤独与寂寞，并非负担，而是通往成功的一道必经之路。

很多人耐不住独处，总想迅速"出人头地"，沉醉于掌声与关注，却忽略了：掌声往往是属于那些能长期默默耕耘的人。忍受寂寞，是通向卓越的起点。

实际上，无数成就非凡的人物，背后都是长时间孤独奋斗的坚持者。

（1）居里夫人花了 18 年，在车库中默默研究，才提炼出镭，改写了人类的科学史。

（2）马克思在大英博物馆一坐 40 年，鞋底磨穿了地板，只为写出《资本论》。

（3）司马迁忍辱负重，独守孤灯 15 年，完成《史记》。

（4）李时珍跋山涉水 27 年，尝遍百草，才著成《本草纲目》。

（5）曹雪芹穷困潦倒十年，呕心沥血写下了《红楼梦》。

这些伟人无不是在寂寞中淬炼，在孤独中沉淀，最终成就伟业。

勒格森的故事更让人动容。年轻时，他带着《圣经》和《天路历程》，踏上从东非徒步至开罗的旅途，只为实现去美国读书的梦想。他的目标很清晰：接受教育，改变命运，为人类服务。他想成为像林肯那样的领导者，像布克·T·华盛顿那样为族群争取尊严。五天只走了25英里，食物耗尽，水也不多。他一度想放弃，但想到"回头就是放弃"，他又鼓起勇气继续前行。大多数时候他孤身一人，靠野果充饥，风餐露宿。他靠着那两本书不断汲取精神力量，不断鼓舞自己。

15个月后，他走了近千英里，抵达乌干达首都坎帕拉。他变得强健、沉稳，并利用业余时间在图书馆大量阅读。后来，他便向位于华盛顿州斯卡吉特峡谷学院写信，申请入学并请求资助。

他的真诚打动了学院主任，获得了奖学金和校内工作的机会。但他还面临签证、护照和机票的障碍。他又写信求助曾教导过他的传教士，终于在大家的帮助下拿到了护照。至于旅费，他始终未筹齐。但他坚信终有解决办法，便继续前行。最后，他的事迹传遍非洲与美国，斯卡吉特学院的学生和市民为他筹集了6000美元。两年多后，他终于站在了斯卡吉特学院的大门前，怀抱他的梦想与书籍，走进了人生的新篇章。

一个人若不能忍受寂寞，就无法沉淀，也难以专注。有时候，天赋并不是决定成败的关键，真正的成功属于那些能在无声中坚持、在寂寞中修炼的人。忍得住寂寞的人，即使资质普通，也能凭着毅力走出非凡之路；而沉不下心、急功近利者，哪怕天资聪颖，也终难成事。

智慧道理

在喧嚣的尘世中，唯有静下心来，与寂寞为伴，与孤独共舞，才能在沉默中积蓄力量，锤炼意志，终将铸就属于自己的成功之路。

第十章

拿得起是自信，放下抱怨

——让心灵不再受伤害

自信是我们奔向成功路上的"红牛"，为前行注入能量；而抱怨则是一只"放大镜"，将本可跨越的沙砾变成难以逾越的高山。与其抱怨，不如动手清除障碍，带着自信，勇敢冲刺每一个目标。

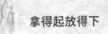

信心才是真正的力量源泉

许多烦恼，并非源于现实，而是源于对未来的悲观、对自我的不满。要治愈沮丧，最有效的方式不是逃避，而是重塑自我的信心。

法国作家阿兰曾说："烦恼，是精神上的近视症。要学会向远处看，保持积极心态，脚步才会坚定，内心才会安稳。"如果说烦恼是挥之不去的老鼠，那么信心就是那只能清扫一切的强壮猫。它赋予人向上的力量，是冲破迷雾的明灯。

面对困境，信心如铠甲，可抵御打击；信心如钥匙，能打开内心的门锁。一个充满自信的人，像初升的太阳，总能穿透阴霾，勇敢前行。

有一位母亲，她的孩子刚上幼儿园时，老师说他有"多动症"，连板凳都坐不住三分钟。接孩子放学回家的路上，母亲几乎落泪。但面对孩子的询问，她强忍情绪，温柔地说："老师说你有进步，从坐不住一分钟，到现在能坐三分钟了，还说其他妈妈都羡慕我。"那天晚上，孩子破天荒地吃了两碗饭，还不再让妈妈喂。

到了小学时，孩子考试排在班级倒数，老师甚至怀疑他智力有问题。但母亲依然没有灰心。等儿子回到家，她告诉孩子："老师说你很聪明，只要细心，就能超过你的同桌。"这番话点亮了孩子的眼神，从此他学习更主动、行为更懂事。

而在初中的家长会上，老师终于不再点名批评他。母亲激动地去问老师，得到的答复是："如果努力，有希望考上重点高中。"她心中感动不已，走出校门时的那一刻，感觉肩上的压力终于得到了回应。

后来，高考后，学校通知孩子领取录取通知书。他带回来一封来自清华大学的特快专递，递到母亲手中后，转身跑进房间痛哭："妈妈，我知道我不是聪明的孩子，可这个世界上，只有你相信我……"那一刻，母亲泪如雨下。十几年来的坚持和鼓励，换来的是孩子的成长与飞跃。

这位母亲，从未责怪孩子的不足，而是用信心与鼓励为他点亮前路。正是这份信心，让孩子在困境中看到了希望，在成长中找到了方向，最终走进了梦想的殿堂。

很多人以为，成功靠的是天赋，其实更多时候，靠的是一种"不认输"的精神。而这份精神的根基，正是信心。

信心不是盲目自负，而是无论外界如何否定，你依然愿意相信自己还有机会。哪怕暂时落后，也不轻言放弃；哪怕无人理解，也不随波逐流。信心让我们在黑暗中看见光，在低谷中看到出路，在混乱中找到前行的方向。它是我们生命中最坚实的内核。

智慧道理

每一个努力生活、不断学习、持续思考的人，都应该在心中怀抱信心与希望。只要不熄灭这团信念之火，再大的难关也能跨越。

俗话说"信心无敌。"这不仅是一句口号，更是支撑我们前行的真理。正如一位领导人所说："只有信心才能产生勇气和力量，只有勇气和力量才能战胜困难。"信心，就是我们创造奇迹的根本源泉。

事情只看好的一面

生活中难免磕碰和波折，如果每次遇事都抱怨"太糟了""完了"，只会让前路更难。其实，换个角度看问题，很多所谓的"坏事"未必没有转机。正所谓"塞翁失马，焉知非福"，与其沉溺于消极，不如只看好的一面。

古时边塞有位老人，人称"塞翁"。有天，他养的一匹马走失，邻居纷纷来安慰，他却淡然说："也许是好事。"数月后，那马竟带回来一匹良驹。众人道贺，他却说："未必不是祸。"果然，儿子骑新马摔断了腿。众人再来慰问，他又说："说不定仍是好事。"后来战争爆发，年轻人纷纷被征兵，死伤惨重，唯独他瘸腿的儿子免于入伍，保住了性命。

很多时候，失去并不等于结束，反而可能是另一种成全。与恋人分手，是上天帮你腾出空间，为的是真正爱你的人出现；生意清淡，不妨当作是给自己一个休息和思考的机会；与家人争执，不一定是坏事，适度争吵往往是沟通的另一种方式，能够化解积压的情绪，让彼此更了解对方。

即使是走到离婚，也不代表失败。放下不再存在的爱，或许正是彼此走向解脱的开始。真正成熟的放弃，是为了让自己轻装上路。

一次生意失败，也许会令人沮丧，但那也是重新出发的机会。失败可以为下一次成功积累经验，只有跌倒过，才知道哪里最容易滑倒；只有痛过，才会更懂得谨慎。

很多时候，决定一件事的，不是事情本身，而是你对待它的态度。

古代有两个秀才一起赶考，途中遇到送葬队伍。一人一见棺材，心头一紧，顿感晦气，结果考试失常。另一人看到"棺材"，转念一想：不正是"官"和"财"吗？于是信心大增，考试中思如泉涌，果然高中。古代还有一位考生，考前做了三个梦：在墙上种菜、戴斗笠还打伞、与表妹背靠背躺在床上。他请算命先生解梦，被断言此行无望，灰心准备回家。幸而店老板一番解读让他大受启发："墙上种菜是'高种'，戴斗笠打伞是'有备无患'，背靠背是'翻身在即'。"考生信心倍增，参加考试，居然中得探花。

故事虽简，却揭示了一个深刻道理：同样的事情，积极的人看到机会，消极的人看到麻烦。结果，必然也会南辕北辙。

人的情绪会强化对事情的理解方式。消极的人总是抱怨现实，容易陷入负面循环；而乐观的人则更容易从挫折中看到希望，从失败中提取教训，在逆境中积蓄力量。哲学家叔本华说："事物本身不影响人，人受到的影响来自对事物的看法。"当你改变了对事物的看法，事物本身也随之改变。

我们无法改变天气，却可以带上雨伞；我们不能预知明天，但可以掌握今天；我们无法控制他人，却可以调整自己的态度。

智慧道理

积极的人如太阳，照到哪里哪里亮；消极的人似月亮，时圆时缺。想法决定生活的质量，态度决定命运的走向。想让生活处处有阳光，不妨学会只看好的一面，把不幸当转机，把低谷当积蓄，把人生当旅程。阳光心态，是最可靠的助力。

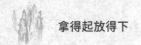

意志力是最好的药方

在现实生活中，我们不难发现，许多成功者都有一个共性：意志力极强。意志力不仅是通往成功道路上的动力源泉，更是面对挫折时最坚韧的内在支撑。它能让人坚定目标、不惧困难，比别人更快接近成功。

杰出人物之所以能脱颖而出，往往靠的不是天赋，而是强大的内心。他们相信自己，坚守信念，不被一时的困难动摇。这份坚定，就是通往成功的桥梁。

300多年前，建筑师克里斯托·莱伊恩受命设计英国温泽市政大厅。他利用工程知识，设计出一个仅靠一根柱子支撑天花板的大厅，结构巧妙且科学。

一年后，在市政验收时，有关部门担心结构不稳，要求增加支撑柱。莱伊恩坚持原设计，认为单柱足以承重。但他的坚持激怒了官员，甚至面临诉讼。他进退两难：放弃原则，违背专业；坚持设计，可能失去项目。他最终想出一计：在大厅里增设四根"装饰柱"，看似多柱支撑，实则并未接触天花板。300年后维修时，这个"秘密"才被发现，不但未引来指责，反倒成为科学与信念并存的象征，吸引无数游客与专家前来参观。莱伊恩用智慧与意志守住了专业底线，也用行动证明了科学的力量和坚持的价值。

意志力并非天生，它由信心、坚定和坚韧构成。信心让我们相信自己，坚定让我们不轻言放弃，坚韧让我们在困境中仍能前行。

在竞争激烈的社会中，只有明确目标、不畏困难、持续努力的人，才能真正走得远、站得稳。意志力，是穿越风雨、抵达彼岸的动力之舟。那么，如何才能成为一个拥有强大意志力的人呢？

（1）培养自信，从小事做起

自信是意志力的根。要从日常小事中找回掌控感，比如完成一次锻炼、主动表达观点、成功完成一项任务。这些看似细微的行为，会一点一滴地强化你的自我认知和心理韧性。

即便是练习大声说话、主动打招呼，也是一种自我强化的训练。勇敢面对他人、表达自我，会逐渐消除内心的恐惧与逃避心理。

（2）告别懦弱，学会承担

意志力的第一敌人是懦弱。一个人若总是自怨自艾、回避问题，不仅无法前进，还会逐步失去面对生活的勇气。

要学会对自己的选择和行为负责，停止消极等待和自我否定。意志力不是天赋，而是对每一次情绪波动、失败打击的"逆风而行"。

（3）明确目标，坚持到底

许多成功人士都拥有共同的特质：目标明确，执行坚决。意志力的强弱，往往取决于一个人能否在被拒绝、被质疑、被失败包围时，依然不改初心、坚持到底。

坚定的目标感是人生之舟的舵，它能让人在迷雾中不迷航，在打击中仍不放弃。

智慧道理

居里夫人曾说："人要有毅力，否则将一事无成。"艰难的环境不仅不会击垮人，反而是磨炼意志最好的机会。许多成功者正是在逆境中锻造出钢铁般的意志，最终成就一番事业。

每一个渴望成功的人，都应向那些敢于战胜命运的人学习，锤炼坚强的内心，塑造坚韧不拔的品格。只有坚持到底，人生的黑夜才会过去，曙光才会照进现实。

要有自信，然后全力以赴

有一次无意中观看一档综艺节目，一个叫"千金"的女团吸引了我的注意。四位体型偏胖的女孩，自信满满地站在舞台上，脸上毫无羞怯之色，反而散发出一种耀眼的气质。她们的神采，不是"肥妹"，更像是壁画中围绕在上帝身旁的天使。

在追梦的路上，难免会遇到荆棘与坎坷，而"自信"就是扫除障碍的利器。唯有相信自己，才能坚定地走好每一步；唯有自信，才能在黑暗中看见希望，在低谷中保持阳光。几乎所有伟大人物的成长轨迹都证明了一个事实：他们成功的起点，正是始终相信"我能行"。

乔·吉拉德被誉为"世界上最伟大的推销员"，他连续12年蝉联吉尼斯世界纪录汽车销量第一。但鲜为人知的是，这位传奇人物的起点，是底特律的贫民窟。他从小生活在家暴中，父亲常用皮带抽打他，嘲讽他"没出息"。在重压下，他还患上了口吃，一度自暴自弃。但幸好，他的母亲始终鼓励他，告诉他说："你是世界上独一无二的，要去找属于自己的天空。"

母亲的信任成了乔·吉拉德最宝贵的精神财富。他开始努力改变命运，从9岁起就在街头擦鞋、卖报纸。成年后，他尝试创业，但35岁那年遭遇重创，生意失败，家里甚至揭不开锅。绝境中，他选择从头再来，进入雪佛莱车行当推销员。从那天起，他每天对自己说："我是最伟大的，我一定能行！"他的西装上总佩戴一个金色的"1"，不仅是象征成功，更是一种自我激励。凭着这份信念，他走出了失败的阴影，也走进了世界销售冠军的荣耀。

自信，是人生最坚固的支柱。一个人只要相信自己，就会从内心涌出一股前行的力量，驱动自己全力以赴，把每一件小事做到极致。成功从来不是偶然。有自信的人，即使跌倒了，也会重新站起来；没自信的人，再多机会也无从把握。很多人之所以始终平庸，只因为他们在心里否定了自己。其实，每个人内心深处都藏着无限潜能，而点燃它的火种，就是信心。

自信不是天生的，而是来自于点滴的成功体验。完成一项小任务、一次积极表达、一次勇敢的尝试，都会在潜意识中筑起信心的基石。

德国心理学家斯普林格在《激励的神话》中写道："强烈的自我激励是成功的前提。"可以通过每天对镜子说"我能行"，贴上激励标语，将正面暗示内化为习惯。

不要让激励只停留在表面。要反复强化，让自信变成一种思维方式。乔·吉拉德每天坚持对自己说"我是最棒的"，正是这种不断输入，使他内心建立了强大而稳定的信念系统。

智慧道理

要想成就人生，就要像乔·吉拉德一样，对自己坚定信心，在困境中不退缩，在失败中不自卑，始终以强大的信念武装自己。真正的强者，是那些在逆境中依然敢于大声说"我能行"的人。

只要你相信自己，哪怕身处最低谷，也能走出高峰之路。

与其唉声叹气，不如从头再来

生活中，常有人抱怨：错过了赚钱机会、中大奖总与自己无缘、才华无人赏识、投稿总石沉大海……他们哀叹"天不予我"，却忽略了真正的转机往往出现在重新出发的那一刻。

有一位被拿破仑打败的将军，在最后一刻却成了拿破仑的克星。那么，被拿破仑击败的又是谁？正是英国将军威灵顿。但他并非一帆风顺。早期，威灵顿屡战屡败，最落魄时只能躲在柴房中避难，身心俱疲、心灰意冷，甚至动了轻生的念头。这时，他看见角落里一只蜘蛛正吐丝结网。一阵风吹来，网被破坏了，但蜘蛛并未放弃，一次次重来，第八次终于织成。将军深受触动：一只小小的蜘蛛尚且坚持不懈，自己又怎能轻言放弃？于是，他振作精神，重整旗鼓。七年后，他在滑铁卢战役中击败拿破仑，书写了反败为胜的传奇。这场胜利，不仅源于战术，更源于那份不服输的信念。

心理学家曾做过一个实验：将一只饥饿的鳄鱼与几条小鱼隔着玻璃放在同一水箱。鳄鱼一次次猛烈撞击玻璃，但无功而返。几次失败后，它彻底放弃。哪怕后来玻璃被移开，它也再没尝试过，任由小鱼在眼前游动。

许多人正像那条鳄鱼，一旦遭遇几次失败，便彻底丧失斗志，整日唉声叹气，陷入自怨自艾的恶性循环。他们为失败找借口，诸如"这个社会不公平""我没背景""我不懂得迎合"等等。然而最终却只剩黯淡的目光和空洞的叹息，才华和机会都在不作为中悄然流失。

机遇不会专宠谁，它对每个人都是公平的。有些人主动抓住，有些人等待中错失，有些人甚至创造了机会。而机会从不眷顾懒惰者、投机者，而是青睐那些踏实努力、不言放弃的人。正如孟子所言："天将降大任于斯人也，必先苦其心志……"只有熬过风雨，才能见到彩虹。经历过磨砺，才能让人更成熟、更强大。

朱同学大学毕业后在家人支持下创办公司，几年内积累了不菲资产，还有一位美丽的女友。就在大家都以为他人生顺风顺水时，他却因沉迷炒股，遭遇市场低迷，公司破产、爱情告吹。此后他整日郁郁寡欢，靠找老同学喝酒发牢骚度日，重复地诉说失败遭遇像在自我催眠，令朋友们不胜其烦。直到一次聚会，室友刚子拍桌怒斥："你还算个男人吗？成天抱怨不如重新开始！哥们喝完这顿酒就当不认识你了！"

刚子的一番话像一记重拳，击中朱同学内心。他当场沉默，离席而去。从此，他不再出现在酒局。一年后，朱同学再次聚会，这次是在本市最高档的酒店。他西装笔挺、精神焕发，告诉大家，他重新创业，比之前更成功。如今的公司全靠自己打拼，新的女朋友不仅美丽动人，还陪他共度低谷，两人即将步入婚姻。

朱同学的经历告诉我们：跌倒不可怕，真正可怕的是跌倒后只会哀叹，而不再尝试重新站起。

智慧道理

失败不可避免，但选择沉沦还是重新出发，决定了我们未来的高度。与其沉浸在叹息中虚度时光，不如痛定思痛、总结经验，从头再来。命运不会厚待任何人，却永远尊重那些不屈服、不放弃、愿意再来一次的人。

第十一章

拿得起是宽宏，放下狭隘

——宽恕别人是在扩展人生之路

宽宏，是行走世界最有效的通行证。它能拉近人与人之间的距离，更是一笔取之不尽、用之不竭的精神财富。学会宽宏，你会惊讶于它所蕴藏的强大力量。

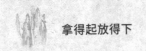

生不生气，靠自己选择

你是否常因小事动怒？又是否习惯把发火当成宣泄情绪的出口？很多人会为自己的脾气辩解："人生气很正常""不发泄会憋出病"。但事实是：生气，不但不能解决问题，反而会让人失去理智，破坏人际关系，甚至伤害健康。

生气真的不可控吗？其实不然。掌握正确的心态与方法，情绪是可以调节的。正如韦恩·戴尔在《你的误区》中所说："你对自己的情绪负责，只要你愿意，就能改变对事物的看法。"

丽娜是加州大学的副教授，本应晋升却被系主任暗中使绊。她一度愤怒不已，却还得从对方手中拿到推荐信。最终她决定直面内心的不快，与系主任坦白后，看清了对方的卑劣与虚伪，也放下了怨气。她意识到——有些人，不值得生气。

正如她所感悟：看清一个人，不如放过自己。我们常说："笑一笑十年少，愁一愁白了头。"《三国演义》中周瑜被诸葛亮三气而亡，正是"气坏了自己、便宜了别人"的典型。生气是内耗，且"气"本身也是一种会累积身体损耗的慢性"病"。

遇事不生气，需要智慧和练习。当你快要爆发时，不妨在心中默念以下几种心理暗示的句子：

（1）是他犯的错，我却发火，是不是太不值？

（2）生气能解决问题吗？如果不能，不如"佯怒"胜过"真怒"。

（3）与其惩罚自己，不如理智面对。

从前有位名叫爱地巴的老人，每当生气时就绕着自家房子跑三圈。年轻时，他边跑边想："房子这么小，我哪有时间生气？"老来家业丰厚时，他仍照旧绕着跑，并笑着说："我房子这么大，何必为小事计较？"

心宽一点，气自然就消了。年轻时奔波打拼，难免焦虑易怒；年长后，有了想要的生活，更应懂得珍惜和放下。

人到晚年，更易遭遇误解、不被支持、或与儿孙观念冲突等问题。但越是年长，越应明白一个道理：生气不能解决任何问题，只会折损健康。

气头上的决策常常缺乏理性。气大伤身，情绪失控容易做出错误判断，给自己或家人带来不必要的损失。

我们不妨向宽容者学习：因为原谅而获得平和，因为不气而拥有健康。

智慧道理

如果生活中总有让你生气的事，不妨记住这几句话（选自《莫生气》）：

人生如戏，因缘相聚，

相扶到老，不易且惜；

为了小事，发什么脾气？

回头想想，又何必？

他人怒我不怒，气出病来无人替；

我若气死谁如意，况且伤神又费力。

儿孙琐事由他去，吃苦享乐都在一处，

神仙也羡好伴侣。

与其生气伤身，不如心宽一寸。学会转念，你会发现快乐其实很简单。

宽恕别人就是善待自己

也许你曾被某人深深伤害，尽管多年过去，你仍无法释怀。每当提起往事，怒气就重新燃起，甚至在街上遇见对方，你也宁愿绕道而行，不愿寒暄，更不愿和好。你以为你在惩罚他，其实真正困住的是你自己。

过去的事早已成为历史，而你却反复咀嚼旧恨，日日沉浸在情绪中，不仅耗神伤身，还阻碍了前行。放不下的并非别人，而是心中的执念。

古人云："人之有德于我，不可忘也；吾有德于人，不可不忘也。"别人的恩情应铭记，对方的冒犯则应学会忘却。心中常怀怨气的人，往往最受折磨，轻则郁郁寡欢，重则内耗成疾，甚至走向极端。而懂得放下的人，反而轻装前行，活得坦然自在。

一个真正有成就的人，必定拥有容人的胸怀。宽恕不是软弱，而是一种高尚的修养。在有限的人生中，学会宽恕，不仅能减少纷争，也能带来更多快乐与意义。正因如此，我们的心胸才能如海纳百川，包容世间的误解与冲突。

古希腊神话中，英雄海格里斯曾在山路上被一个袋子似的东西绊倒，他愤怒地踩它、砸它，那物却越变越大，最终挡住了去路。一位圣人出现，说："它叫仇恨袋，若你不理，它自会缩小；但你若愤怒对抗，它就越发膨胀。"仇恨如此，越念越重，越争越难前行。唯有放下，才是出路。

我们在人世间难免有摩擦，但若任由仇恨滋生，它终将封锁我们的心路。因此，学会宽容，不仅是对别人的放过，更是对自己的释放。

林肯被后人称颂为一位伟大的总统，但早年他也曾因个性偏执、言辞犀利而得罪不少人。年少时，他讽刺他人、嘲弄对手，甚至故意让人看到他写的讥讽信，引发了许多不快。他当律师后，仍频频攻击反对者，直到有一次"玩笑"过头，几乎酿成一场决斗风波。

1842年，林肯匿名发表一篇讽刺文章，抨击一位叫休斯的爱尔兰政治家。休斯大怒，要求与他决斗。林肯虽不愿，但不得不应战，甚至请人教授剑术。所幸在朋友调解下，最终避免了冲突。此事深深触动了林肯，使他意识到讽刺他人只会伤人伤己。从那以后，他逐渐改变处事方式，变得谦和宽容。

有一次，他劝导一位年轻军官："凡立志成就事业者，绝不应浪费时间在无谓的争执上。退一步，未尝不是前进的一种方式。即便你是对的，也应保有自制。与其与狗争道被咬，不如让路；就算你胜了，也治不好伤口。"林肯用他的宽容赢得了人民的心，也成就了其历史地位。正是这种大度，使他在纷繁复杂的局势中，始终保持清明与担当。

宽恕，不仅是一种境界，更是一种力量。一个人若有包容之心，就能化解仇恨，赢得理解与友谊。容人者方为众人所容，无论面对何种误解、伤害，都能从容以对。豁达的人，心境坦荡，情绪稳定。他们善于从容面对冲突，不因小怨而失大局。他们的快乐，不是来自回击，而是源于心中的宁静与释怀。

历史上那些真正成功的人，不在于能力超群，而在于他们的胸怀远大。他们懂得原谅，知道斤斤计较只会让自己困在仇恨的泥潭中。正如布袋和尚所言："大肚能容，容却人间多少事；笑口常开，笑尽人间古今愁。"

智慧道理

只有学会宽恕，我们才能真正与他人沟通、理解、和解。宽恕是一种力量，它能将敌人变成朋友，能让生活充满阳光。宽恕别人，终将成全自己。

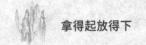

宽宏精神是一切品德中最伟大的

"人非圣贤，孰能无过？"面对别人的错误，是选择计较还是宽容，决定了不同的人生走向。选择斤斤计较的人，常常也无法容忍他人对自己有丝毫指责，久而久之被孤立。而懂得宽容的人，不仅生活轻松自在，更容易赢得信任与机会。

生活不仅需要技能，更需要"宽宏"作为立身之本。正如那句形象的比喻：紫罗兰将香气留给踩它的人。这种善意的回应，就是宽宏。宽容别人，也是在成就自己。它让生命拥有更多空间，能与朋友同行，收获温暖与支持。

宽宏意味着遗忘。谁没有痛苦与伤疤？时常揭开旧事，只会加重伤口。遗忘昨日的争执与责难，才能让心灵重见阳光。

宽宏也意味着不计较。纠结他人过去的错误，只会限制彼此发展。即使是背叛，也并非不可宽恕。真正坚强的人，能承受背叛、用包容赢得尊重与信服，从而化敌为友，扭转局面。

宽宏还是一种潇洒。不计得失、不拘小节，心中自然少了沉重，活得也更轻松自在。人生短暂，斤斤计较只会自缚其身。当然，宽宏并非懦弱，而是一种有智慧、有目的的坚强，是以退为进、以忍为强。真正的宽宏，是掌握主动权下的理智与策略，而非无奈地妥协。

心理学告诉我们，每个人的看法都有其根源。宽宏就是尊重与理解他人的动机，设身处地，达成更高效的沟通。消除隔阂，是提升效率的关键。

宽宏更需要忍耐。误解、批评常在所难免，真正聪明的人懂得冷静应对、以谅解代替反击。"宽宏是在荆棘中生出的谷粒"，退一步，海阔天空。当然，宽宏也不是放纵。适度容忍他人，需要建立在责任意识之上。每个人都应为自己的行为负责，否则只会变本加厉。真正的宽宏，是有底线、有智慧的包容。

2004年雅典奥运会男子单杠比赛中，俄罗斯选手涅莫夫完成高难动作，却因落地微失误，仅得9.725分。全场观众强烈不满，比赛中断，裁判被迫重打9.762分，观众仍不满意。此时，涅莫夫没有借机煽动情绪，而是起身向观众鞠躬致谢，再次请求大家冷静。他以宽广的胸怀平息风波，让比赛得以继续。虽未夺冠，却赢得了观众的尊敬，成为他们心中的"冠军"。

还有一个真实的小故事：在美国，一位中国妇人的摊位生意兴隆，引发其他摊贩嫉妒，故意把垃圾扫到她摊前。而她只是微笑清扫，还乐观地说："在我们国家，扫垃圾进门意味着财运到。"她的宽容与幽默，最终赢得了尊重，生意也愈发红火。

她用智慧转化敌意，不仅维护了和气的环境，也为自己积累了人脉与好运。人与人之间的相处中，宽宏可以化解敌意、积攒福气，甚至将"敌人"变成"贵人"。

智慧道理

宽宏能使人伟大，也能使人成功。正如那句耳熟能详的话："有人打你的左脸，就把右脸也转过去。"这不是懦弱，而是宽容与理解的力量。多一份宽宏，就多一份和谐；多一份理解，就多一份成全。愿我们都能以宽宏之心面对人生，赢得幸福与尊重。

残酷地批评自己，无限地宽恕别人

人在犯错时，往往会下意识地为自己开脱，把责任推给别人。久而久之，就会习惯性地认为自己从不出错，渐渐变得狭隘、自负，失去了反思的能力，也失去了与人相处的空间。

正确的态度应当是在出现问题时，首先审视自己，对自己严格，对他人宽容。能做到这一点，才是真正的人格修养。

学会反省，是认识自我的开始。不要轻易原谅自己的错误，更不能为懒惰、推诿找借口。很多人不习惯检讨自己，只顾看到别人的问题，却从不自省。事实上，发现并承认自己的不足往往比挑剔他人更难也更珍贵。

生活中，有些人显得格外"苛刻"，但他们苛刻的不是自己，而是他人。他们总盯着别人的缺点不放，甚至故意贬低他人来提升自己。这种行为，不但显得小气，也很容易招致反感。

约翰是公司里普通的一员，却总喜欢用讽刺的方式来吸引别人的注意。他不能看到别人受到赞美，总会借机说风凉话，把别人的优点贬得一无是处。同事 A 高大健壮，大家称赞他英俊有气势，约翰却嘲讽说："体重大容易得三高。"其实他自己瘦小，心有不平。女同事 B 眼睛大，大家夸她漂亮，约翰却说："像牛眼，吓人。"事实上他的眼睛很小，这番话不过是自我安慰。其他同事也没逃过他的苛责，C 的高鼻梁被他形容成"坟头"，D 整齐洁白的牙齿被他说成"像镜子"，E 的微笑被称作"风骚"，F 的身材被批为"蛇蝎美人"，G 的努力被斥为"拍马屁"，H的幸福家庭被说成"拖累"。在约翰眼里，别人的优点都是缺点，只有自己的缺点也能变成"个性"。久而久之，他成为大家眼中最不受欢迎的人。当公司裁员时，几乎所有人都毫不犹豫地写下了他的名字。

责备他人容易，真正难的是反躬自省。那些习惯性批评他人的人，往往内心敏感而脆弱。他们通过贬低他人掩饰自己的自卑和不足，却最终孤立了自己。相反，懂得对自己"刻薄"，才是真正的成长之道。能时常检视自身、知错就改、发扬优点、补齐短板，这样的人，不仅人格不断完善，前途也更加光明。

智慧道理

善待他人，就是善待自己。与人为善，是在社会合作中取得成功的重要法则。在人与人高度互动的时代，只有你先主动宽容、乐于助人，才能收获真正的理解与支持。宽宏大量的人，总是心态平和、乐善好施、不求回报，因此更容易拥有好运，迈向人生的高峰。

爱人无己，原谅别人的过错

人与人之间常因怨恨而产生隔阂，甚至反目成仇。然而"冤冤相报何时了？"唯有用宽宏和慈悲去化解怨气，得饶人处且饶人，才能从纷争中抽身，迎来和解与新生。

《中庸》有言："尽己之谓忠，推己及人谓之恕。"意思是，先修养自身，再以同理之心体谅他人。《论语》也说："己欲立而立人，己欲达而达人。"只有真正理解人情冷暖，才能做到立己达人、修身兼容。曾国藩对此也极力践行之，并且常以"恕"自警，要求严于律己、宽以待人。

有这样一个故事很能说明"原谅"的力量：一位年轻人曾是庙中的沙弥，深得方丈宠爱，却终因凡心动摇离寺二十年，沉溺花天酒地。某夜梦醒，他良心发现，赶回寺庙向方丈忏悔，求重新接纳。方丈摇头道："你的罪太重，只有供桌能开花时，佛祖才会原谅你。"浪子闻言黯然离去。

然而次日清晨，方丈惊见供桌竟盛开鲜花，震惊不已。可惜浪子早已离开，再也未能回头。花只开了一天，方丈在悔恨中圆寂，临终前说："世上没有不能回头的路，只有不愿原谅的心。真正的奇迹，不是供桌开花，而是人心向善。"

方丈未能及时原谅年轻人那颗悔改的心，留下终身遗憾。这也印证了"宽恕"不仅能救他人，也是在成就自己。

另一个故事则发生在日常生活中。一位婆婆常对媳妇不满，小事不断责怪：厨艺不佳、打扫不净、加班不实，甚至丈夫感冒都归咎于媳妇。一次，朋友来访，婆婆又埋怨媳妇洗衣服不干净，指着阳台衣服斥责。朋友仔细观察后，仅用抹布擦了擦窗户，拉来婆婆再看一眼——衣服竟焕然一新。原来，是窗户太脏。婆婆这才意识到，自己并非看清了对方的问题，而是心中蒙尘。从此，她不再带着偏见看待媳妇，婆媳关系也因此改善。

这个故事告诉我们：人与人相处，不在于谁对谁错，而在于有没有一颗愿意擦亮心窗的心。

要真正达到宽容的心态，需要自我修养与内在包容。只有不断提升自身的气度，才能做到原谅与理解，成为真正的君子。无论先天性格还是后天习得，宽宏都是通向成熟与成功的重要标志。

一个真正有修养的人，懂得接纳不同，懂得用善意去化解冲突。当你能宽容对待他人，便能拥有更广阔的胸怀，也就更接近人生的智慧与幸福。

智慧道理

老子曰："上善若水。"水可包容百川，刚柔并济。一个真正的君子，面对同道者应和谐共处，面对误解者亦应宽容体谅。以水之德行事处世，就能平息纷争，消解烦恼。在这个复杂社会中，只有怀着一颗柔和又坚定的心去待人处事，才能化敌为友、以德服人，构建和谐的人际环境。

第十二章

拿得起是义气，放下嫉妒

——是你成功路上正确的路标

若说义气是通向成功的明灯，它能照亮前路，让你无惧阻碍、步步向前；那么嫉妒则是误入歧途的路标，只会蒙蔽心智，滋生怨气，最终困于黑暗死角。

行有义气，方可无往不利；请自尊自爱，让你的成功之路，处处标明正确的方向。

嫉妒使他人和自己两败俱伤

　　曾有这样一个故事：小倩和莉香是从小学到大学的挚友，一起进入同一家公司。然而某天起，小倩对莉香处处针对，不仅夺走她的男友，还散播谣言，最终撕裂了这段深厚的友谊。随着时间推移，小倩因性格问题被同事排斥，男友离她而去，工作也不保。她一无所有后找到莉香，哭诉内心多年痛苦——原来，一切源于她对莉香的嫉妒：嫉妒她的家庭、容貌与人缘。

　　嫉妒是一种极具破坏性的情绪。它不仅侵蚀内心，还能毁掉关系与人生。正如哲人德谟克利特所言："嫉妒的人常自寻烦恼，是自己的敌人。"它让人看不见自身的优点，陷入怨恨与冲动，最后误伤他人，更伤了自己。

　　另一个关于嫉妒的故事更令人警醒。在医院的病房中，住着两位重病患者，房间仅一扇门和一扇窗。靠窗的病人每天有两个小时可以坐起，他会向身旁卧床不起的病人描述窗外的美景。他说窗外是公园，有湖水、天鹅、野鸭，孩子们嬉戏玩耍，情侣依偎散步，花园里百花盛开，还有激烈的网球赛、热闹的板球场，以及远处隐约的闹市……这些描绘构成了另一个病人生活中唯一的精神慰藉。但渐渐地，卧床病人开始不平：为什么能看到这些美景的不是自己？为什么偏偏他得不到那样的"恩赐"？他试图克制嫉妒，却越压抑越苦闷，整夜辗转难眠，病情加重。

某晚，他的同伴突发急症，剧烈咳嗽、呼吸困难，双手摸索电铃。而他，冷眼旁观。心中默想：他为什么占据靠窗的床位？咳嗽声最终归于沉寂，那个病人不幸去世。几天后，卧床病人要求调到那张床，医护人员满足了他的请求。当他挣扎着坐起、迫不及待望向窗外时——他看见的，竟是一堵光秃秃的墙。他才明白，那些美好风景并不存在，是同伴凭想象虚构出来，只为了让两人苦闷的生活有一点亮色。而自己，却因嫉妒失去了这位善良的朋友，也失去了温情与美好，只留下悔恨和一堵冰冷的墙。

这就是嫉妒的代价——它不仅遮蔽了我们的眼睛，还毁掉了本应美好的朋友关系。

智慧道理

放下嫉妒，才能放下心中的怨气；放下怨气，才能释放自我，走出阴影。嫉妒不是解决问题的方式，它只会让人误入歧途，伤人害己。唯有感恩、珍惜与包容，才能看清自己的风景，赢得真正的平静与幸福。

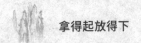

嫉妒是很多错误的根源

"红眼病"，即嫉妒，是人性中一种阴暗而破坏力极强的心理。它源于"妒人之能，幸人之失"，常在人际关系中引发争斗和摩擦，最终不仅伤人，更害己。

嫉妒通常不会指向远不可及的人，而是来自身边旗鼓相当的对手。比如有人发表了一篇获奖论文，周围人纷纷祝贺，而内心嫉妒者却沉默不语，事后可能借题发挥，贬低对方成就，甚至寻找对方的"破绽"进行攻击。如此针锋相对，形成恶性循环，不仅影响彼此的事业，也消耗精神和能量。

《浮士德》中说："嫉妒是来自地狱的一块嘶嘶作响的灼煤。"这种情绪反映出内心的失衡与骄傲——看不起他人，贬低成就，唯恐别人优于自己。一些人甚至用打小报告、夸大事实等手段，制造混乱，以满足扭曲的心理需求。而一旦他人遇到挫折，嫉妒者更是幸灾乐祸，毫无怜悯之心。他们的"快乐"不过是一种心理暂时的平衡。然而，这种行为终将带来反噬——被孤立、失信、失人心，最终自己也承受焦虑、压抑，甚至变得不敢与优秀者交往。

值得庆幸的是，这种病态心理并不普遍，只有心胸狭隘、容不得他人超过自己的人，才会深陷其中。那么，如何摆脱嫉妒呢？

（1）胸怀大度，宽厚待人

19世纪初，肖邦流亡巴黎，当时李斯特已名满天下，却毫不嫉妒这位才华横溢的后辈，反而借着演奏厅熄灯的机会，让肖邦代为演奏。

观众陶醉于琴声，等灯光亮起，才知道是肖邦。李斯特用自己的胸襟成就了他人，也赢得了尊重。

（2）见贤思齐，向优者看齐

真正积极进取的人，不会因他人优秀而心生不满，而是从中看到差距、激发斗志，以学习的心态不断超越自我。这种正向的心理，不仅化解了嫉妒，也孕育了成长的力量。

（3）自知之明，冷静审视自己

当嫉妒萌生时，不妨停下来反观自我。与其盯着别人的优点，不如认真分析自己的短板和不足。只有了解真实的自己，才能理性看待他人的成就。

（4）调整视角，改变心态

嫉妒常源于负面认知。看到别人幸福就怀疑其来路不正，看到别人打扮漂亮就说"爱炫耀"，看到别人装修房子就妄加评断……其实，这些行为对别人无害，痛苦的只有自己。如果能换个角度看问题，也许你会发现他们的努力和不易，也会感到平静与释然。

（5）善于寻找快乐

嫉妒是痛苦的心理体验，快乐则是解药。当你总与他人攀比，就难以感受到自身拥有的幸福。学会享受生活中的小确幸，拥有一颗感恩之心，你就会更有力量面对差距，减少无谓的比较。

（6）放下虚荣，踏实成长

虚荣心是嫉妒的温床。它追求表面光鲜，却缺乏真实价值。越是想要"面子"，越容易在意别人是否"比自己强"，一旦超过，就心生嫉妒。克服虚荣，脚踏实地，才能摆脱内耗，活得自在坦然。

智慧道理

嫉妒是一种病态心理，是阻碍成长的枷锁。与其盯着他人的光芒，不如点燃自己的灯火。少一分嫉妒，就多一分从容；多一分努力，就少一分怨气。当你专注提升自身能力，自然也会成为别人羡慕的对象。

不妨有意让别人占自己的上风

在这个人人争先恐后的时代，多数人都渴望出头，占据上风。但人生并非总是一帆风顺，在起起伏伏中前行，有时反而要学会适时让步，放低姿态，反倒能成就更高远的未来。

俗话说："忍一时之苦，换百日安宁。"忍让是大格局者的必修课。清末重臣曾国藩常以"打脱牙和血吞"自勉。他屡遭羞辱与失败，但每一次都选择隐忍，最终凭借低调与坚持赢得了道德与仕途的双重胜利。这正是"以退为进"的真实写照。

历史上也有反例。唐太宗在宫中宴请群臣，尉迟敬德因座位不满而大闹宴席，甚至殴打李道宗，导致太宗震怒，直言"韩信、彭越之死并非刘邦之过"。这番话令尉迟敬德悔悟，自此收敛锋芒。

现实中，职场亦如此。新人初入职场，不了解规则和人际网络，若一味争强好胜，容易引起反感。保持低调、虚心请教，反而更易赢得同事帮助，建立良好人脉。面对批评或不公，也应懂得自我调整。初到职场的年轻人，切忌计较一时得失。心态放稳，即便受到误解，也不急于反击，而是通过表现赢得尊重。低姿态不是低人一等，而是更高层次的修养与智慧。

在大型企业中，元老级员工往往是企业发展的奠基者，他们的经验和影响力值得尊重。即使你有创新的见解，也应以谦逊的态度表达，尊重前辈，是对制度的尊重，更是赢得人心的关键。与人为善，不论性格是否相合，都应尽力与人保持良好关系。职场是团队协作场所，公私分明是一种成熟的表现。即便私下有误解，也不应带入工作，要以合作为先，以行动赢得尊重。

在公司中，真正立得住脚的，不是张扬个性的人，而是有本事、做事认真、待人谦和的人。只有这样的人，才会逐渐建立起无法撼动的职场威信。有些人不努力提升自己，反而干扰别人努力。看到别人升职加薪就心生嫉妒，实属短视。与其心生不平，不如静下心来反观自我，制定学习计划，踏实提升能力。

王云就是这样的例子。她曾是公司里标准的"三无"员工：无高学历、无年轻优势、无特别技能，但她拥有一项法宝——勤奋。她比谁都努力，却因效率不高、方法落后，错失多次加薪机会。

意识到问题后，王云开始学习新技能，更新观念，很快工作效率大幅提升，最终获得晋升。她的转变说明：努力要有方向，成长不能只靠苦干，更要讲究"充电"的方法。

以下是对职场"充电"的几点建议：

（1）短期培训：帮助快速更新知识与技能，适应变化。

（2）拜师学艺：向身边经验丰富的同事学习，成本低、效果好。

（3）技能交流：企业间的学习互访是提升自我、拓展视野的机会。

但也要避免两个"误区"：

（1）乱"充电"：盲目追求证书，忽略职业发展需要。

（2）错"充电"：在不合适的时间学习不匹配的内容，事倍功半。

智慧道理

在职场中，有时不妨有意让别人占一次上风。放低姿态，不是认输，而是为了积蓄力量、谋求长远发展。低调做人，高效做事，懂得进退有度，才是真正的职场智慧。

正气是行事的基础

一个人若心怀正气，行事自然端正。正气是品德之本，是经得起时间检验的力量。它体现于廉洁自律，源自对真理与信念的坚守，也是一个人通往成功的重要基石。

在竞争激烈的现代社会，企业在招聘人才时，不仅关注学历、能力与精力，更看重一个人是否具备正直的人格。因为正气是将潜力转化为实际成果的倍增器，是走得更远、站得更稳的根本。

诚信，是正气最直接的体现。欺骗或许能得一时之利，但信任一旦破裂，再难修复。一个人只要失信一次，所有的正直形象便可能瞬间崩塌。那些靠欺诈为生的人，最终也难逃自食其果，成为众人讥讽的笑柄。做正直的人，行正确的事，是值得终身坚持的价值选择。

一位实习护士的故事就印证了这一点。刚入职不久，她在一场车祸急救手术中担任院长亨利的助手。手术将近尾声时，她突然提醒说："我们用了 12 块纱布，但只取出 11 块。"院长未加理会，示意缝合。她坚定地坚持查找，第 12 块纱布终于在院长手中"现身"——原来这是一场考验。院长当众宣布："她是我最合格的助手。"正是她的正气赢得了这份工作。

另一位记者的经历也令人深思。在报道一起重大新闻时，他发现一些细节可能会使报道变得更具吸引力，但这些细节并不完全准确。他毅然决定坚持事实，拒绝使用这些夸大其词的材料。尽管短期内这让他的报道在点击量上有所下降，但他的诚实为他赢得了媒体行业内外的广泛信任。

富兰克林也很重视诚信，他认为自己的成功归因于诚实守信，而非口才或智谋。他说："我口才不好，也常出错，但人们还是信任我，因为我真诚可靠。"有正气，是他赢得信任的根本原因。

可见，真正能让一个人立于不败之地的，不是聪明，而是正直；不是技巧，而是人格。正气不仅能赢得眼前的尊重，更能在关键时刻助你一臂之力。

智慧道理

一个人若没有正气，就像房屋失去地基，难以承载风雨。正气铸就品格，品格决定方向，方向决定高度。只有用正气构建起的人生，才能经得起时间的考验，迈向真正的成功。

第十三章

拿得起是真诚，放下狡诈

——坦白直率最能得人心

古人云："诚者，乃做人之本；人无信，不知其可。"真诚，是为人处世最基本的品德。唯有怀着一颗真诚之心，才能赢得他人的信任，建立良好的人际关系。真诚是一种无形的财富，是成就事业的基石。

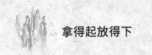

无诚信无以立世

现实中有些人张嘴就吹牛，今天说与女王共餐，明天又与巴菲特谈投资，几次之后，便无人再信。可见，一个人一旦失信，再多言语也难以挽回信任。

"以诚待人，以信取人"是中华民族的优良传统。诚信，乃做人之本。孔子云："人而无信，不知其可也。"韩非子说："巧诈不如拙诚。"陶行知宁愿为"真白丁"，也不愿做"假秀才"。历史上的季布"一诺千金"、商鞅"立木取信"、君子"驷马难追"……这些流传千古的故事，都诠释了诚信的重要性。

《后汉书》中记载了一则著名故事：东汉杨震路过其提拔的部下王密的任职之地时，王密深夜送黄金致谢，杨震拒绝。王密说："没人知道。"杨震回道："天知、地知、你知、我知，怎能说没人知道？"一席话令王密羞愧离去。正如俗话所说："不做亏心事，不怕鬼敲门。"诚信，不仅是做人底线，更是修身之本。

一位游客在泰国买纪念品，与女商贩议价未果，便提出："我给你60铢，另外再补你20铢，你老板不会知道。"女商贩坚定地摇头："佛会知道。"这不是迷信，而是一种信仰支撑下的道德自律。正因为她坚守诚信，才赢得尊重。

诚信，是立身之本，更是社会运行的基石。朱伯昆指出："信"的本质是诚实守诺，不欺不诈。无信，则社会交往无从谈起，人与人之间的关系也无法建立。

　　唐朝时，任简任判官时赴宴迟到，本应罚酒，但随从误将醋倒满一盅。任简知道如果当众说出真相，卫侍将受重罚。为了保全他人，他强忍酸楚一饮而尽，吐血而归。军中皆为之感动，从此敬重有加。这样的诚信和厚道，正是人际关系润滑剂。

　　诚信，不只体现在顺境时的承诺，更应在逆境时守住底线。一个真正有独立人格的人，不因得势而专横，不因失意而媚俗。如果社会普遍失信，道德将沦为空谈，秩序也会随之崩塌。

　　对刚步入社会的年轻人而言，诚信尤为重要。初入职场如同白纸，保持忠厚淳朴的作风，远比圆滑世故更能赢得人心。经历越多，越需守住本心，切勿因处世技巧而丧失诚实本性。那些太过老练圆滑的人，反而不受欢迎。

智慧道理

　　做人应以诚为本，言行一致，光明磊落。唯有内心耿直，行为守信，才能在人际交往中赢得尊重，维持良好秩序。诚信不仅关系到个体的声誉与发展，更是社会和谐的根基。

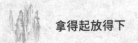

真正的魅力是真诚的自我表露

一个人的魅力，不在于外貌、财富或地位，而在于其真实和真诚。说真话、做实事，平等待人，这种由内而外散发出的正直与坦率，才是最打动人心的力量。

曾国藩说："诚于中，必形于外。"内心纯净的人，行为自然坦荡，所展现出的就是最有感染力的魅力。真诚不是交换，也不是刻意为之，而是一种无需回报的自然流露。它不是为了获得别人的回应，而是源于自身的品格修养。

诚实的人或许会吃亏，虚伪的人或许一时得利，但从长远看，真诚是通往信任与成功的最佳途径。真诚不在于言语的表达，而在于行为的内在动机；不是说了多少动听的话，而是你是否发自内心地对待他人。

曾宪梓曾因顾客投诉领带褪色而亲自接待对方，不仅诚恳解释，还赔偿了新衬衫和领带，并细致讲解护理常识。顾客被他的态度打动，感慨道："这是我最满意的一次售后。"正是这份真诚赢得了顾客的信任。还有一次，他因原料涨价面临亏本，但依旧坚持履行对商家的口头承诺，按原价供货。他相信"宁可亏本，不失信义"，也正是这种以诚为本的精神，使他赢得了商誉和市场。

社会虽复杂，但做人应简单真诚。生活就像一面镜子，你对它笑，它便对你微笑；你冷漠欺骗，它便报以冷漠。即便善良有时未被善待，我们也不应因此丧失信念，而应更加坚守本心，用真诚面对世界。要做一个真诚的人，不是高调地标榜自己"很真"，而是让人从细节中感受到你的真实。例如，哪怕吃亏了也不抱怨，不张扬、不炫耀、不求回报，只是在点滴行动中传递温暖，这才是真正的魅力。

现代社会更需要这种让人感到安全和信任的特质。虚伪的人总是疲惫防备，而真诚的人内心坦荡，自在从容。他们不轻易承诺，但一旦承诺，必言出必行。这样的人，自会赢得他人信任与尊重。

正如孔子所说："己所不欲，勿施于人。"对他人守诺守信，才是社交的基础。答应他人的事，要么做到，要么实事求是地说明缘由；做人，要讲原则、有底线，让他人敢信、敢靠、敢交心。

智慧道理

真诚就像一泓清泉，使内心宁静、澄澈、透明，是人际交往中最打动人心的力量。真诚无价，人格无价。只有以真诚待人，我们才能活得轻松、赢得尊重、走得更远。

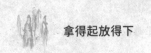
在拿不准时，要诚实

诚实，是中华民族源远流长的传统美德。孔子早就告诫世人："人而无信，不知其可。"意思是一个人若不诚实守信，便难以立身处世。

曾子为教导儿子信守承诺，听闻妻子为哄孩子而许诺"杀猪吃肉"后，便将家中唯一的猪杀掉，只为让孩子从小明白：言出必行，方能成信。

在现代社会，无论是工作、生活、感情还是学习中，诚实始终是立身之本。一个人的诚实程度，已成为社会判断其价值的重要标准。缺乏诚实之人，无论多有才华，都难赢得他人信任；而诚实守信之人，自带人格魅力。

现实中，却总有一些人试图用欺骗取利。有人靠假文凭应聘教师，结果露馅；也有人通过花钱买证书、买职位，最终不仅丢了信誉，还付出法律代价。正因为如此，国家出台法律、建立平台，打击弄虚作假行为，提倡诚信社会。可见，诚实不仅是一种道德，更是时代的要求。在众多品质中，它的"成本"最低、效益最大。

一则商人与印第安酋长的故事正说明了这一点。苗智卡拉是一位白人商人，初到印第安人聚居区开店，但因族群隔阂生意冷清。一天，酋长来购买货物，准备付五块貂皮，卡拉却拒收多出的一块，理由是"货物只值四块"。酋长听后非常满意，当即宣布："这个人不会欺骗我们，大家都来和他做生意。"自此，苗智卡拉的生意蒸蒸日上。

在商界，不少品牌之所以立于不败，是因为他们坚守诚信，久而久之，品牌本身就成了信任的象征，不需要过多宣传。相反，失信者往往自毁前程。历史上的魏征便是一位以诚实著称的典范人物。他敢于直言进谏，甚至多次当面指出皇帝的过失。唐太宗曾感慨道："以铜为镜，可以正衣冠；以人为镜，可以明得失；以史为镜，可以知兴替。魏征在，朕不敢为非。"魏征不仅对君主毫无隐瞒，还以同样的诚实律己，赢得了朝野上下的敬重。魏征之所以千古留名，正是因为他始终秉持诚实不欺、忠诚为国的品格。

在现实生活中，做人应实事求是，言出有据。不轻易承诺，但承诺就要做到；不逞口舌之快，也不因利忘义。这样，才能赢得他人的尊重，也维护了自己的尊严。

智慧道理

"生来一诺值黄金，哪肯风尘负此心。"诚实，是做人最基础的一课，是通往信任与成功的起点。守信不只是尊重他人，更是尊重自己。

唯有诚信才能成就事业

每个人都希望自己能够出人头地，实现价值，赢得尊重。然而，成功从不是"心想事成"的童话，它离不开自身努力，更离不开他人的帮助。而唯有具备诚信，才能最大程度地赢得他人的信任与支持。

成功之路不会孤立完成，它需要合作、交流和信任。诚信，就是人格魅力的核心。孔子曾说："人而无信，不知其可也。"意思是人与人交往的前提，是诚实守信。如果一个人言而无信，再高的能力也难以被他人信服。反之，只有真诚待人、表里如一，才能赢得支持与理解。

现代社会讲究合作。只有被信任，才能拥有平台；只有讲诚信，才可能获得机会。不论是企业家、学者还是普通职员，只要具备可信赖的品格，就能在人际交往中占据有利地位，获得持续的发展。

个体的诚信不仅成就自己，也影响着社会氛围。我们能放心地在陌生餐厅就餐、到医院治疗、借钱给朋友，正是因为相信他们讲诚信。试想，如果这个社会诚信缺失，人人互相怀疑，合作与信任将无从谈起，社会秩序也将大乱。因此，营造诚信环境，每个人都责无旁贷。从日常小事做起，从自己做起，种下诚信的种子，我们终将收获一个值得信赖的世界。诚信不仅是个人品德的体现，更是社会文明的重要标志。

诚信的力量在商界体现得尤为明显。美国一位名叫凯瑟琳·克拉的女士在创业开办面包公司时，就坚持"以诚取信"的原则：所有卖不出的面包必须回收销毁，绝不卖过期产品。虽然这一制度在短期内看似增加成本，但却赢得了顾客的极大信赖，销量迅速上升。

一次，因加州水灾导致面包短缺。一车待销毁的过期面包被饥民拦下要求购买。运货员坚持原则，表示公司明令禁止出售过期食品。记者赶到后劝说他变通处理。最后，运货员留下暗示："如果他们硬要抢，我也没办法。"话音未落，人群便"强行"将车上面包抢购一空。

这场"假抢"被记者记录下来，报道刊出后，公众为公司坚守诚信而感动，企业声誉大涨，销量激增。在随后的几年里，公司迅速扩张，从家庭作坊成长为年营业额数百万美元的大企业，而这背后靠的正是坚守诚信。

诚信不仅成就事业，也决定命运。楚霸王项羽本具超凡的个人能力，却因缺乏诚信而最终落败。他没有安民之策，不施信义；对将领多以暴力约束而非信任；鸿门宴时轻信刘邦，不听范增忠告，最终失去民心和支持，走向失败。他的结局，是对失信者最好的警示。

不论你是创业者、求职者、合作者，诚信都是你事业的通行证。没有人愿意与一个反复无常、口是心非的人交往；但一个真诚守信的人，无论处境如何，总会赢得他人的支持与尊重。诚信，是能长久积累的无形资产，一旦丧失，便难以恢复。

智慧道理

无论是承诺、合作、交易还是约定，只有以诚信为本，才能赢得他人的信赖与尊重。一个始终真诚对待他人的人，才能在事业和人际中收获双赢。

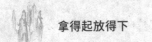

没有诚实，何来尊严

每个人都渴望活得有尊严，但尊严从何而来？答案往往不是地位、金钱或口才，而是一种品格——诚实。一个人若失去了诚实，也就失去了立身之本，尊严更无从谈起。

在现实中，很多人热衷于"包装"自己，希望通过夸大其词赢得关注与敬重。然而，吹嘘终究只是表面，一旦谎言被揭穿，不仅失去信任，更连带失去尊严。

赵志云刚进公司时表现积极，颇受同事欢迎。但时间久了，大家发现他爱吹牛。无论聊工作还是生活，他总能夸夸其谈，自称人脉广、关系硬。一次，同事宋青云想找他帮忙咨询法律问题，赵志云先说律师在出差，后又称联系不上。几次推脱之后，同事们意识到他不过是嘴上功夫，根本没有实际资源。结果，他逐渐被同事疏远，连领导也开始怀疑他的能力，最终不得不黯然离职。

可见，诚实是做人最基本的品格。一旦说谎被戳穿，个人形象会迅速坍塌，曾经积累的信任和尊严也随之瓦解。

那么，如何避免类似的尴尬和损失呢？

（1）谨慎推销自己

适度展示自我有利于建立形象，但若夸大其词、脱离实际，就容易变成自我毁灭。过度"包装"只会引来他人的质疑，尤其在信息透明的时代，一旦查实不符，信誉就会一落千丈。就像赵志云的经历，不实之词被揭穿后，只能用离职买单。

（2）重视信用，慎言慎诺

信用是一个人最宝贵的无形资产。如果你总是轻易承诺却难以兑现，即使不是有意欺骗，也会让人怀疑你的诚意与能力。对别人失信一次，往往就会被贴上"不靠谱"的标签，哪怕你后来再怎么努力也很难重新赢得信任。

（3）克服虚荣心理

很多人为了"看起来很强"，宁愿说谎来装点门面。虚荣，是不诚实的温床。真正有自信的人不会靠吹嘘来博取眼球，而是靠实力赢得尊重。当你不断编造假象维持表面光鲜的同时，实质上你也在一点点失去他人对你的信任与认可。

（4）正视自身能力，不轻诺浮言

每个人的能力都有边界，不能什么都想"靠嘴说了算"。在自己不确定、无把握的事上轻易承诺，不仅可能误导他人，更会陷自己于失信的境地。做人应该量力而行，实事求是。若答应后实现不了，就坦诚说清楚；若承诺了，就要尽力兑现。

（5）用诚实建立可持续的人脉

一个人若总以诚待人、实话实说，就算他不是最能干的，也能赢得信任与支持。反之，即使能力出众，若说话不算数、口是心非，也难以在社交中长久立足。诚实如水，虽无声无形，却最能润泽人心、浸润人际。

智慧道理

真正有尊严的人，不是靠夸张修饰自己，而是靠诚实赢得信任。不要随口许诺，也不要虚构背景。唯有言行一致，诚信立身，方能在人群中稳住脚跟，赢得尊重。谎言换不来尊严，诚实才是根本。

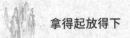

真诚助你成功

李嘉诚从生产塑胶花起家，成为商界巨擘，其成功并非偶然，而是建立在真诚之上的一次关键选择。当年，一位外商希望大量订货，但提出必须有实力厂家担保。李嘉诚白手起家，无背景，无担保人，他只得如实向外商说明困境。

他的坦率打动了外商，对方说："从您坦白之言中，可以看出您是一位诚实之人。我们可以签约，不必担保。"然而李嘉诚却表示："非常感谢您的信任，但我目前资金确实有限，恐怕无法如期供货，还是不能签。"这份坦诚再次打动了外商，他当即决定预付货款，帮助李嘉诚扩大产能。李嘉诚由此拿下了第一笔大订单，也播下了事业成功的种子。若他当时选择隐瞒实情，结果恐怕会截然不同。正是这份"实话实说"的真诚，赢得了信任，开启了他辉煌的商业生涯。

在今天这个物欲横流的社会，真诚仍然是最打动人心的品质。尽管一些人善于察言观色、八面玲珑，但缺乏真情实感，言语中充满虚伪，行为中掺杂算计。无论是在官场还是商界，虚伪应酬固然能带来短期利益，但终究换不来持久信任。

真正的人际关系，是建立在心与心之间的信任和坦诚之上的。一个善意的问候、一句真挚的鼓励，往往胜过千言万语；一个温暖的眼神、一次真诚的倾听，往往胜过繁文缛节。这种无声的真情，才是人与人之间最动人的联结。而在商业社会中，越是历经波折的商人，越懂得真诚的可贵。在充满尔虞我诈的环境里，他们早已厌倦了欺骗和虚伪，反而更加渴望遇到一个说话算话、做事踏实的人。一个有真诚品质的合作伙伴，往往比资金更可靠、比技术更稀缺。

人际交往中，真诚从不需要华丽的语言，只需一颗坦率的心。在成功的道路上，真诚是一种润物细无声的力量，它能在关键时刻打动人心，成就彼此。虚伪或许一时得势，但终将被时间淘汰；唯有真诚，才能穿越风雨，走得更远。

无论是商业合作、职场交往，还是日常人际，真诚都是通往信任的唯一通道。虚伪能得一时之利，却注定无法长久。人与人之间的信任，不在于你说了多少，而在于你是否真的言行一致、值得托付。

智慧道理

真诚经得起时间的考验，而虚伪经不起推敲。因为"路遥知马力，日久见人心。"唯有真心，才能换来真心；唯有真诚，才能赢得长久的信任，助你在人生和事业的征途中走得更稳、更远。

第十四章

拿得起是自尊，放下自满

——自知对一个人最有裨益

做人，就要做一个真正的人——正直、有尊严。

在生活中，如果不能自律，便会失去尊严、丢掉骨气，也就容易近墨者黑，最终成为受人轻视的人。

自尊者他尊

要想赢得他人尊重，首先必须学会尊重自己。一个自甘堕落的人，注定难以赢得他人的认可。自尊是人格的根基，缺失它，尊严无从谈起。

曾有一位中年女士带着孩子走进她所工作的"巨象集团"总部楼下的花园，面对修剪灌木的老园丁，她不断将废纸丢到花丛中，丝毫不顾对方的辛劳。而这位老人始终默默将纸捡起，毫无怨言。最终，这位女士竟讽刺老人从事的是"卑贱工作"，警示孩子不要"将来变成这样的人"。她万万没想到，这位"园丁"其实正是集团总裁詹姆斯先生。就在她自诩"高管"时，总裁亲自将她辞退。面对事实，她瘫坐在长椅上，颜面尽失。

这个故事令人警醒：真正的尊严，来自内心的修养和行为的自律，而非职位与头衔的堆砌。尊重他人，源于尊重自己。

心理学研究表明，一个人如何看待自己，会深刻影响他所能达到的高度。若你内心自我轻贱，自然难有作为；若你自信、自尊、敢于重用自己，就能开发出无限潜能。

曾有一个叫亨利的青年，因出身低微、容貌普通，一度怀疑人生。直到他误听自己或许是拿破仑后裔后，顿觉自己高贵了许多，开始振作。结果，20年后他成了大公司的总裁。这个故事告诉我们：一个人给自己的定位决定了他一生的高度。

生活中，很多人并非无能，而是缺乏自尊与自信。他们总觉得自己不行，于是一步步变得平庸。但若你开始肯定自己，哪怕只是一点点改变，命运也会随之转变。

我们经常低估了语言对自己的影响。当你不断重复"我不行""我做不到"，时间久了你真的会相信这些消极暗示。但如果你开始说"我可以""我值得"，自信与自尊也会在潜移默化中提升。

尊严不能靠吹嘘获得。正如一位职场新人，为了提升自己"身份"，不断编造背景，最终因为言行不一被同事和领导疏远，失去了信任，也失去了职场尊严。要赢得他人尊重和认可，就要学会以下几点：

（1）自我尊重，谨慎定位

一个人的自我定位决定了他的人生成就。不要让过低的期待局限了你的人生格局。

（2）切忌吹嘘虚荣

适度表达自己无可厚非，但虚构事实、夸大能力，只会令自己陷入尴尬，失去尊重。

（3）重视信誉，守诺有度

慎重许诺，量力而行。兑现承诺是一个人值得尊重的重要依据。

（4）肯定自己，激发潜能

学会赞美自己，给自己积极暗示。只有相信自己的人，才能获得真正的成长与突破。

回顾历史与现实，许多成就非凡的人，并非一开始就耀眼夺目，而是在默默坚持中不断积累自尊、自信与力量。他们敢于相信自己，敢于为自己背书，也敢于承担责任，这才赢得了别人的认同与推崇。

智慧道理

尊严源于自尊。只有先尊重自己，别人才会尊重你；只有敢于重用自己，你才可能真正成就一番事业。自我认同，是开启成功之门的钥匙。每一个有尊严的人，背后都有一个自律而自尊的灵魂。

自负最可怕

生活中我们常见这样一类人：表面看似自信满满，实则自负至极。无论面对谁，他们都自认为高人一等；无论处理什么事，他们都觉得胜券在握。然而，这种人往往并不具备过人之处，只是陷入了妄自尊大的误区。他们目空一切、自我膨胀，言行夸张，实则缺乏真正的实力与深度。

这种由虚荣心驱使的"高人一等"姿态，使他们失去对自我的准确认知，总认为"唯我独尊"。久而久之，这类人往往会遭人厌弃，甚至招致失败。

曾有一只黑雁，自觉体型庞大、羽色独特，开始看不起与它一起长大的雁群，认为自己应该与"高贵"的乌鸦为伍。可当它试图融入乌鸦群体时却被拒绝，乌鸦嫌它不同类。而当它回头寻找原来的伙伴时，却也遭到冷眼与排斥。最终，黑雁孤身飞翔于天际，发出悲凉的哀鸣。这个寓言揭示了一个现实：自负者常常高估自己，最终被群体边缘化。

现实中不乏"黑雁式"的人物。有的人刚有点名声就自诩为人上人，有的人稍得小利便自以为富甲天下。这些人常常沉迷在虚构的"荣耀"中，听不进劝告，看不到现实，结果失去方向，甚至误事误人。

要克服自负，应该做到学会以下几点：

（1）学会"看轻自己"

所谓"看轻"并非贬低自己，而是以平常心对待自己，不把自我放在过高的位置。正如有人所说："别把自己太当回事，也别把自己不当回事。"真正有实力的人不需张扬，沉稳才是底气的表现。

（2）少谈成绩，多做实事

有些人小有成就便到处炫耀，殊不知这种行为最易招致反感。成绩本身胜于千言万语，真正的认可来自他人的肯定，而非自我标榜。我们要记住，真正优秀的人往往是低调的。

（3）避免"自以为是"

自负者常以为自己的意见就是权威，不容置疑。但"自以为"的想法未必等同于事实。一则寓言讲得好：上帝让一位自认才华横溢却郁郁不得志的人去找一块刚丢的石子，他遍寻无果；可当换成一枚金戒指，他很快找到了。其寓意是：真正有价值的人自然会被发现，而不是靠"自以为是"博取认可。

（4）不抢功劳，不抢风头

虚荣心强的人爱出风头，结果往往事与愿违。有位名叫丽芸的女演员，仗着自己受欢迎，一次演出中强行要求自己连演多场，导致嗓音失控，演出失败，声望一落千丈。她的失败源于高估自己，不知适可而止，结果不仅砸了招牌，还被剧团解聘。

自负者往往在错误的时间、错误的方式"努力"，结果本该属于他们的机会也随之溜走。

智慧道理

自信是成功的基石，自负却是失败的伏笔。适度的自信能激发潜能，而盲目的自负只会让人高估自己、低估困难，最终跌入失败的陷阱。做人做事，需脚踏实地、谦逊有度，才能真正赢得他人尊重，走得更远。

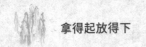

自知对一个人最有裨益

所谓自知之明，是指清楚地认识自己，明白自己的长处与短处，了解自身所处的位置，客观评估成绩与不足，并据此修正方向、完善自我。

《世说新语·自新》中有言："人患志之不立，亦何忧令名不彰邪！"意思是说，一个人最大的毛病是不立志，而不是担心名声无法显扬。这句话正是晋代学者陆云鼓励周处所说。

东晋时期，阳羡（今江苏宜兴）有一个名叫周处的人，年轻气盛，勇猛好斗，在家乡横行霸道，乡民皆惧。当时，当地还有两害：一是横行河中的蛟龙（或为鳄鱼），另一是深山猛虎，皆为百姓之患。于是，民间将这三者并称为"阳羡三害"，而其中最令人厌恶的就是周处本人。

有乡人灵机一动，劝周处说："你既然这么有本事，何不去为乡民除害，杀虎斩蛟？"周处果真当真，立刻上山斩虎，下河斗蛟。几经搏斗，他杀死了猛虎，又与蛟龙缠斗三日三夜。

村民三天未见周处归来，便以为他命丧水中，奔走相告，欢庆"三害"尽除。不料，周处凯旋归来，却见乡人冷眼相待，得知大家竟因他"死去"而欢庆，这让他深感震撼。他第一次意识到，原来自己是百姓心中的一害。他开始反思，决心改过。

周处随即前往吴郡，拜访当时著名学者陆机和陆云。陆机不在，陆云接待了他。在听完他的经历后，陆云勉励他说："朝闻道，夕死可矣"，还补充说："人患志之不立，亦何忧令名不彰邪！"意即立志是成就一切的前提，名声自会随之而来。

受此点悟，周处洗心革面，从此弃恶向善，受到乡亲尊重。后来，他进入仕途，政绩卓著，在平叛作战中英勇捐躯，终得英名传世。

这个故事说明：只有真正认清自己的问题，才能产生改变的动力。周处正是因为拥有"自知之明"，才实现了从"祸害"到"英杰"的蜕变。

智慧道理

人贵在自知。知道自己是谁，能做什么，不能做什么，比盲目的逞强努力更重要。唯有认清自己，方能扬长避短，走上成才之路。

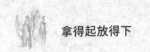

正确对待别人的不公正待遇

在日常生活中，我们常会遇到不公正的评价与批评。有些人一听到他人指出自己的问题，就怒不可遏，甚至反唇相讥："你自己也不怎么样，有什么资格批评我？"这种态度其实是一种逃避责任的表现。要知道，"金无足赤，人无完人"，若等到全然无过的人来指正你，恐怕你终生也听不到一句真话。

真正的强者，懂得从他人的批评中汲取力量，以反省代替反击，才不会陷入孤立。尤其在成长过程中，越是有成就的人，越容易遭受非议和批评。

美国历史上的许多名人都曾饱受指责，开国元勋乔治·华盛顿曾被骂为"伪君子"；《独立宣言》起草人杰斐逊也遭遇严重污蔑；将军格兰特、布慈等人更曾因莫须有的罪名而身陷囹圄。但他们都没有因此消沉，反而更坚定地走向成功。

越是出类拔萃的人，越容易引起他人的嫉妒与攻击。英国国王爱德华八世少年时在海军军校读书，一次遭到学生集体欺负。原因竟是这些学生希望将来可以自夸曾"踢过国王的屁股"。这虽看似荒唐，却反映出一个事实：当你越优秀，就越容易成为某些人"借机彰显存在感"的对象。

曾任美国国际公司总裁的布拉肯回忆自己早年被批评时的焦虑感，他曾一度试图取悦所有人，但越努力讨好，结果越糟。他最终醒悟："只要你做得出色，就一定会有人批评你，与其烦恼，不如坦然接受。"

应对不公正批评的一个好方法是"只笑一笑"。如果你沉着面对攻击，别人的恶言也就失去了力量。而事实也会证明一切，正确的人终将被时间和结果所肯定。

美国海军将领柏特勒将军年轻时也非常在意别人的看法，但长期的军旅生活让他变得坚强。面对批评，他最终选择无视："听到别人骂我，我连头都不会回。"这种态度，才是从容不迫、胸怀坦荡的体现。

美国总统罗斯福的夫人名叫埃莉诺·罗斯福，罗斯福夫人的姨妈也曾说："别管别人怎么说，只要你心里知道自己是对的就行。"的确，没有任何人能避免被批评，重要的是我们是否清楚自己在做什么。

林肯总统是美国历史上受到最多攻击的总统之一。但他从不以私人恩怨任人唯亲。他会让曾羞辱他的人担任要职，只因为那个人是最适合人选。他始终相信，人是由环境和经历塑造的，不能因个人喜好或怨恨影响判断。林肯的格局与胸襟，正是其卓越领导力的来源。

面对批评，尤其是不公正的批评，我们该怎么做？

首先，不要急于反驳，先冷静思考内容是否有价值。若批评有理，应及时修正；若无中生有，则无需理会。其次，要正视人际关系的复杂性，理解批评往往是他人心理投射的结果。越是内心敏感、渴望认可的人，越容易被批评左右情绪。我们应锤炼自己的心理承受力，不因一时的非议动摇初心。

智慧道理

真正的成熟是从容应对不公正的批评。拥有情绪掌控力的人，不会轻易被情绪左右，他们懂得从批评中汲取营养，让指责成为进步的养料。人生在世，最重要的不是避免批评，而是能否把批评变为成就自己的力量。